橫田伊佐男／著
Radio Wada／插圖

咻咻咻零浪費會議術

瑞昇文化

問題不是
在現場發生的，
是在會議室發生的啊！

前言

不知您有聽過這個吼叫聲嗎？

「事件又不是在會議室裡發生的！是在現場發生的啊！」

這是以前曾轟動一時的電影的著名台詞[1]。

位於現場的刑警主角，對著遠方的會議室裡的幹部動怒。因為會議室的幹部遲遲沒有作出明確的指示，讓現場的嫌犯逃跑了。

這是對「上級」決策機關爆發不滿的場景，彷彿替代平日抑鬱憤慨的商務人士說話，隨著電影的賣座，當時也成為流行用語。

這就像是重現商務人士的日常實態的台詞。
不過，的確有個很大的謬誤。
「事件」確實並非在「現場」上發生的。
但是，真正的**「問題」是於會議室裡發生的**。
「會議室」裡作出的決策如果是適當的，現場也不會一片混亂。而「會議」不能順利進行就造成「大問題」，所以「現場」一片混亂。

實際上，商務人士人人都會對會議感到煩惱。
他們的煩惱可歸類為四類。

（1）會議**時間過長**
（2）會議**內容淺薄**
（3）會議中**無法作出任何決定**
（4）會議中**沒有人發言**

1　參考：《大搜查線THE MOVIE：灣岸署史上最惡之三日》（1998）

公司的會議室裡經常充斥著這四個煩惱，很難找到解決方式。

就結果而言，誰都想開**「充實的短時間會議」**，不過**「淺薄的長時間會議」**卻是橫行天下。

讓我再說一次吧！

大家都想要召開理想的**「充實的短時間會議」**，也就是說以召開零浪費，有節奏的**「精實會議」**為目標。

雖說如此，目前現狀是**「淺薄的長時間會議」**，也就是目前在世間仍是隨處可見冗長、贅述過多的**「虛胖會議」**。

這到底是為什麼呢？

答案很簡單，因為人們**不知道改善會議的方法**。

誰也不知要如何解決這四個煩惱，以及該如何改造成為**「精實會議」**的技巧。

換言之，大家都沒有學過如何改革「會議」的方法。

因此，本書就以這個技巧為中心寫成一本書，並進行系統性的解說。雖彙整成本，但能形成主幹的精華可以彙整於**「一張紙」**上（參照第49頁）

因為只有「一張紙」，在早上趕通勤電車中也可以閱讀，下午時也可以使用，具備**「速效性」**。

請務必快速閱覽一遍，儘量從當日的會議開始試行看看。為何會想請讀者馬上試試看，是因為這些都是根據我過去實戰經驗想出的對策，相當地實用。

就個人經驗而言，我有一句話可說。

「會議」改變的話，「人生」也會隨之變化。

我服務於企業的上班族時代的某年秋天，為了籌畫次年度的部門戰略舉行員工合宿會議。地點選在離東京都心有段距離的神奈川縣三浦半島上，主要的參加成員為數十人的中堅員工，我也是其中一人。

我在所屬的部門，當時才剛新成立不久、受到矚目，董事長也在旁沈默地抱著胳膊看著會議的進行。

不過，說到會議的內容，也有那「四個典型的煩惱」，論點遲遲無法定案，最後變成**「淺薄虛胖的長時間會議」**。議論始終停留在細末枝節上，加上中堅員工們之間的相互敵對的心態，最終難以達成協議。

事實上，當時正有個超級颱風逼近日本，會議若不儘早解散，有不能回到東京市中心的危險。即使如此，會議仍是沒完沒了地持續下去，完全沒有要結束的氛圍。

那時感到煩躁不耐的我，起身在從來都沒有人用的白板上，將議論點整理出來，然後篩選縮小論點範圍。

就結果來看，會議最後建構出全員同心的戰略，也迅速地結束。

全體參加者回到東京後，就在不久前回公司的沿線上發生土石流，變成行車不通的狀態，真是千鈞一髮。

「會議改變人生」指的不是避開土石流的災害。

在現場看著我們相互交鋒的董事長，隔年將我升遷至該受到注目部門的主管。在詢問提拔原因後，發現是因為我在當時一片混亂的會議中，在短時間內一手主持會議，判斷我應該具備足夠能力可以挑起大樑。

以這次的昇遷為契機，當時以上班族身分，挑戰一個大型專案，也變成我後來可以自立門戶的原因。

那場會議，可說是我職涯上改變人生的轉捩點。

無論哪個時代，對於商務人士訴求的不外乎二個不變的能力。

而且不論科技進不進化，都不會改變的能力。

首先，第一個是**「解決問題的能力」**。

再來是**「溝通能力」**。

只要具備這二個能力，無論去到哪，一生都受用無窮，不會感到困擾。

無論何時、無論是誰**這二個能力**都是必要的條件。

如果能從**「淺薄虛胖的長時間會議」**變革為**「精簡充實的短時間會議」**，可斷言一定具備這二個能力。換言之，**「虛胖會議」**與**「精實會議」**之間的差別在於前述的這兩項能力的差別。

我想讀者們可能都有上司，在會議的立場上，並非不是最上級的管理層。即使如此，也希望您能果斷地帶領會議。您在會議中發出的耀眼才能，會被多數人矚目著。本書為鉅細靡遺地您介紹如何帶領會議的技巧。

改變「會議」，給公司帶來良好的變化，再也不會有人被責罵。

改變「會議」，「工作」也會有變化。
「工作」有變化，「公司」也有所變革。
「公司」有變革，「人生」也會跟著「煥然一新」。

那麼，接下來讓我們進入經證實可行的**「零浪費會議」**學習之旅吧！

前言 004
「最強會議架構」索引 016

序章

序章 017
要如何實現零浪費會議呢？ 018
並非「一般資訊」，而是「知性情報」 024
感到相當好奇，其他公司都在開怎麼樣的會議呢？ 028
為什麼我們公司的會議無法順利進行呢？ 036
為何運作順利的會議，只需要一頁的秘笈？ 036

第1章

會議「前」（零浪費會議術&基礎篇）

會議「前」（零浪費會議術&基礎篇）——053
不要叫討厭的人來參加會議！——054
立刻檢查，會議議題是否為問句呢？——066

第2章

會議「中」（零浪費會議術．基礎篇）

會議「中」（零浪費會議術．基礎篇）——091
有苦難言！不決定「目的地」的話，明天就不開會！——092
像鳥兒的全面性觀點，寫下「腳本」——106
會議的前半段Never Say No!——124
將寶貴的意見和創意一分為二——144

第3章

會議「後」（零浪費會議術&基礎篇）

會議「後」（零浪費會議術&基礎篇） 157
會議記錄「當日分發」 158

第4章

年代別傾向與對策（零浪費會議術・應用篇）

年代別傾向與對策（零浪費會議術・應用篇） 173
所謂會議就是四個世代全部動員的最殘酷環境 174
二十世代以提問方式發揮存在感 180
三十世代成為（扮白臉）魔鬼的代言人 194
四十世代引導、再引導、不斷引導就對了！ 206
五十世代以上由「工作人」變成「導師」 218

第5章

上級管理層者的技術（零浪費會議術&應用篇）

上級管理層者的技術（零浪費會議術&應用篇） 233
目的優先，其次是會議場所 234
拓展會議，重視場地氣氛 238
快速的決策，立即行動 244
祕技！先寫下會議記錄，控制會議流程 254
後記 263

「最強會議架構」索引

	運作順利的會議	運作不順的會議	對策	
前	目的、論點、人員明確且適當。	「推算力」的欠缺	**❶ 會議的人選** • 將會議分成三階段，依各階段選定與會者 • 花15秒的時間刪去不適當的人員	P.054
			❷ 論點（問題） • 作成問句 • 比較兩者 • 填寫數字 • 以What → Why → How方式發問	P.066
中	短時間內進行深度探討	「引導能力」的欠缺	**❸ 設定目標** • 剛開始的三十秒進行目標宣言 • 簡潔句打開開關	P.092
			❹ 腳本 • 書寫三種腳本大綱 • 在會議進行中一邊意識到計畫包，加以大張旗鼓地收集意見後再完美收尾	P.106
			❺ 展開（延伸） • 化解冷場，炒熱氣氛 • Never Say No！（絕不否定） • 一齊發言 • 可視化	P.124
			❻ 收尾（收束） • 二分法 • 四分法	P.144
後	會議成果共有及化為行動	「決心」的欠缺	**❼ 一頁式會議記錄** • 花三分鐘寫出下一步 • 會議記錄在「當日分發」	P.158

出處：CRMDIRECT

序章
你是誰啊！
哎呀！

要如何實現
零浪費會議呢？

以「三大特性」實現「零浪費」會議

本書論及會議相關的**三大特性**。
這些特性以關鍵字來說就是**「四大煩惱」**、**「一張紙」**和**「基礎與應用」**。
以下為您介紹這三大特性對讀者來說能帶來如何的好處。

特性一　**聚焦於會議的「四大煩惱」**

知名經營者和名醫之間的共通特性就是能夠快速找到問題的「根本原因」。不先**「辨認特定的問題」**，而要達到**「解決問題」**的階段絕對是不可能的。不過，在市面上常見到的「會議教戰手則」，多半介紹各種方法論，即早辨別會議問題的並不多。

我根據多數會議運作的經驗及參考培訓學員的心得，提出形成會議成效不彰的四種問題類型。

（1）會議**時間過長**

（2）會議**內容淺薄**

（3）會議中**無法作出任何決定**

（4）會議中**沒有人發言**

本書的結構將聚焦於**四大煩惱**，以徹底消滅會議的無效率為目標。換言之，非這**四大煩惱**的困擾就排除於本書目標對象之外。舉例而言：

「要如何減少遲到者人數？」

「想要有與會者都感動到哭的會議」等等像這些枝末細節、抽象的煩惱解決對策，本書中無法找到。

本書始終圍繞著這**四大煩惱**主題作為討論重點，這點先請讀者們知悉。

特性二　解決對策彙整於**「一張紙」**

關於會議的**四大煩惱**的處方箋，也就是解決對策，可以總結於**一張紙**上。

我至今有看過數萬人以上的參加者，會讓他們想要從行動上作出改變的，就只有他們腦海中有**「一張想像圖」**存在時才有可能的。

人人都能運用自如的「五十音表」及「九九乘法表」也只有**一張**而已，容易記住。

同理可證，如果會議的解決對策專業技巧也能作成可以貼在桌面前的尺寸大小的話，就能記在腦海裡。如果無法記住，也就無法習得此技能。

如此一來，這本書即使講得再多，喊到喉嚨都沙啞了，寫得再詳盡都是徒勞一場。

本書約花上二百七十頁的篇幅，為讀者們詳細介紹的會議專業技巧全部彙整於**一張紙**上，也是本書的堅持以及一大特色。

特性三　**「基礎與應用」**的平衡構成

這世上凡事都需要**基礎與應用**。

而且會議是最為講究**基礎與應用**的。

說到為何要學習基礎的理由，在於人們平日能學習到系統性基礎理論的機會並不多。

因此，在**本書的前半部**為各位介紹將只有**一張紙**的基礎理論，並分成七項對策。

應用之所以是必要的，那是因為一般來說，會議參加者時時在改變，要求必須有隨機應變的能力。

在職棒業界中，二十歲的年輕人和五十歲的老手在相同的棒球場一較高下的情況並不常見。不過在會議中是家常便飯之事。

因此，**在本書後半部**，參加會議的出生年代分成二十世代、三十世代、四十世代及五十世代。為各個世代介紹容易發揮實力，可實踐的應用專業知識。

本書的前半部會介紹武術的類型之「**基本**」型，而與對手變成「對打（Sparring）」的狀態的「**應用**」型會在本書後半部重覆提到，讓您的開會技巧更加純熟。

這三大特色中，能讓讀者們感受到的好處為何？

那就只有**「實現零浪費的會議」**，別無其他。

如同讀者們在平日工作時常有的感想，會議老是效率不彰，白白浪費時間和勞力。

就好像虛胖體質一樣虛而不實，感到空虛。

只要讀過本書，轉化為行動，會議必定如同有**「肌肉體質」**的精實風格。

轉變成為**「精簡充實的會議」**。

政府推動的「工作改革」當中，訴求的是生產性的提升。

所謂**生產性的提升**是指比從前**花更少的勞力**，達成**相當卓越的成果**。

對佔據日常工作相當多時間的「會議」而言，這股訴求浪潮也席捲而來。

必須改變「會議」主體。

願依本書討論的**「三大特性」**，實現彷彿有結實肌肉的**「零浪費會議」**。

並非「一般資訊」，而是「知性情報」

是否在談論「知性情報」呢？

會議就是活用的**「資訊情報」**的寶藏庫。

「資訊／情報」的英文單字應該有在國中英語中學過吧！

想必大家都知道就是**「Information」**這個單字。

不過，各位知道「資訊／情報」本身還有另個英文單字嗎？那就是**「Intelligence」**。

如果譯成「知性情報」可能比較容易了解，其實也是「資訊」的意思。

利用情報相當有名的機構就屬美國的情報機關「中央情報局ＣＩＡ」

ＣＩＡ的正式名稱為「Central Intelligence Agency」，中間的字並非用

「Information」，而是用**「Intelligence」**。

■「一般資訊Information」與「知性情報Intelligence」之間的差異

	Information	Intelligence
特性	公開型	隱匿型
來源	網路等	重要人物
得手難易度	簡單	困難
即時性	過去舊的資訊	新的未來預測

一般資訊就是誰都可以自網站取得的公開資訊。

另一方面，**知性情報**是耗費勞力，以個人獨有的方式收集的隱匿情報。

關於這兩者之間的差別，請見上表。

知性情報具備壓倒性勝利的資訊價值。

資訊在商業上為極重要的「資源」，是一種「利器」。

首先，如果想要取得「資訊」，必須在網路上到處搜尋，或利用GOOGLE搜尋引擎四處收集所需資訊。我想能掌握大致的內容。如果是企業情報的話，能取得股價及業績及企業方針等訊息吧！然而，這些資訊充其量只是過去**一般公開資訊**而已。

真正有價值的活用情報，並不會公諸於世。

比如，企業中高層持有的煩惱、複雜的公司內部人際關係，接下來的人事變動，不想被競爭對手知道關於本公司的強項與弱項，對於未來預測的真心話等，這些都是並非簡單入手的活用**知性情報**。

那麼，活用的**知性情報**究竟在哪才有找得到呢？

就是人們聚集一堂的**會議室**。

人們聚集在一起討議商量的會議，就會收集到很多**知性情報**。

在您日常生活中，是否收集過多的**一般資訊**呢？

關於過去資訊等**一般資訊**，在會議前以電子郵件傳送即可。

活用的情報在面對面的場合中，參加者會相互交流所以才能變成**知性情報**。

您開會時是否以收集**知性情報**為目標呢？

那麼，其他公司到底在開什麼樣的會議呢？

感到相當好奇
其他公司都在開怎麼樣
的會議呢？

說來為何會議是必要的存在呢？

早會、業務會報、進度報告會議、與其他部門合作的會議、專案情報共有會議、每半年開一次的戰略會議、董事會會議……。

每當看日誌本時，看到滿滿的會議排程。

對商業人士來說不能或缺的就是會議了。

對於此類會議，可能會聽到讀者們的嘟囔抱怨。

「一直開會，自己工作的時間都不夠了」

「無意義的會議，只是在浪費時間」

此外，如果是負責會議流程的管理職，以下這種想法也會越來越強烈。

「這裡又不是告別式怎麼那麼安靜，沒有誰要再發言嗎？」

「在會議中搖頭晃腦地，不知自己在幹嘛的部下比比皆是。」

不過與其說可以聽到這樣的心聲，不如說我在會議術的培訓課程中，聽過眾多參加者對於會議，怨聲載道、抱怨連連的意見。

人們對於「會議」心中存在不少嘀咕不滿。

在市面上，提倡停止舉行會議等專業書籍也琳琅滿目，充斥於市。

此外，也有透過電子郵件或SKYPE等方式，不用直接面對面的溝通管道，也進一步提升。

「工作方式的改革」訴求的是比目前還有效率的工作方式，並沒有論及到「會議」。

那麼，說來需要面對面的「會議」是有必要進行的嗎？

我作出如下回答。

「高效率會議是必要的。」

高效率會議是什麼呢？以下為您列舉一些常見的參考範例。

《高峰會的案例》

已開發國家各國的首相及總統，在百忙之中抽空參加定期在主辦國舉行的高峰會（領袖會議）。參加的各國元首千里迢迢，來到不同母語語言的國家。終日忙碌的元首也許使用電子郵件或視訊會議方式可能更有效率。然而如此方法絕對不可行，他們還是選擇在有限時間內，舉行「面對面會議」。

那是為什麼呢？

只有坐下來面對面才能談及**知性情報**。

相互從利害衝突中找到妥協點也是要經過面對面協商才有可能達成。

然而，肩負著維護自己國家利益的各國元首齊聚一堂的會議，應該沒有那麼容易可以達成共識。

那麼，他們要如何有效地舉行會議呢？

這個祕密叫作**「雪巴人（SHERPA）」的事前準備力**。

引導登山者到高山峰頂的專業嚮導稱作「雪巴人」，支援參加高峰會（領袖會議）的領袖的意志決定的各國高級官員，也稱作協調人（SHERPA）。

領袖們並非討論枝葉細節，而是集中討論「骨幹架構」，協調人為了居中協調需要進行周密的籌備，讓直接面對面的會議更有意義。

軟銀集團孫正義董事長兼總經理

日本具代表性的經營者的，軟銀集團孫正義董事長兼總經理，曾接二連三地作出佔據報紙頭條的大消息，併購和出資等決策。這些看似為他一人獨斷性的決定，但事實上，他有效活用「董事會會議」。

其實日本電產的永守重信董事長兼總經理[2]、開發「優衣庫（UNIQLO）」等的迅銷公司的柳井正董事長兼總經理等人，都在會議場合中，配置如同當面能對峙孫氏的實力者（稱為抗衡者）及負責提供意見的公司外部董事。

只要有抗衡者存在的話，對孫氏來說，想要做的事也可能被阻礙。

那麼，為什麼要在會議裡配置抗衡者角色呢？

那是因為如此一來，可以**形成多樣化的觀點**。

柳井氏總是扮演牽制孫正義先生的抗衡者角色。從多元化觀點上也作出不小貢獻，當軟銀併購沃達豐集團時，對於裹足不前的孫正義先生，柳井先生扮演居中協調促進者的角色。

《樂天．三木谷浩史董事長兼總經理的案例》

樂天株式會社公的三木谷浩史董事長兼總經理，也是代表日本的經營者。標榜「樂天經濟圈」，營業範圍跨及網路販售至金融、旅行、職棒經營等。管理如此多角化事業，必須共有可供反覆應用的公司方針與理念。為此，三木谷先生重視的是什麼呢？

2　2017年9月30日自公司外部董事卸任

這是全體員工每週固定時間參加的「晨訓」。

由於是提供IT服務的公司，容易有偏向採用網路視訊會議的方式，不過，三木谷氏堅決說出以下話語：

「我從沒遇見，比每週現場舉行一次晨訓的衝擊力還要大的開會方式[3]」

活用ＩＴ發展而成的公司的高層，明白地指出以資訊共有的交流上，最具備渲染力的方式，就是採用面對面會議，這真是相當地吊詭。

讓我們來回顧一次聰明人的開會方式吧！

- **確實做好事前準備，指派可以有效分配領袖會議時間的「協調人」。**
- **「孫正義」：重視多樣化觀點**

•「三木谷浩史」：為了共享情報，應將面對面會議作為最強技術加以活用。

以上舉出的成功企業家的例子，他們都是認清「會議」的重要性，並加以實踐。會議能幫助團隊之間達成順暢溝通，由多方觀點創生出意想不到的創意和解決對策。

如果由翻不了身的經營者來說，欠缺說服力。然而以上是來自取得社會的信賴，有卓越成就的高層經營者所傳授的。

他們能巧妙地活用會議，圖謀決策的決定和情報的共有。

這與對於會議只會抱怨嘟噥的商務人士之間的差別也可說是天壤之別。

這樣的差距，到底是什麼呢？為何大多數的會議都無法有效地運作呢？

3 出處：《樂天流》三木谷浩史著（講談社）

為什麼
我們公司的會議
無法順利進行呢？

「前」「中」「後」三階段診斷

前篇提到的成功人士都能有效運用會議，

在與自己公司的會議作比較後，到底是哪裡出了問題呢？

我在日本企業與外商公司服務後，經手數百家公司的經營顧問，參加過幾千、幾萬次的會議。從這些經驗來看，發現辨別「進行順利的會議」與「進行不順的會議」的方式，可分成三階段檢視。

這三階段即為**「會議前」**、**「會議中」**、**「會議後」**。

會議開始前的準備階段為**「會議前」**的階段。

會議本身為**「會議中」**階段

會議完成後為**「會議後」**階段。

■會議無法順利進行時常有的狀況

階段	狀況	檢視
會議前	未明確地決定會議的目的	
	會議邀請不需要的人員	
會議中	會議主席主持會議沒有腳本	
	參加者多半不感興趣	
會議後	未指派接下來行動相關的任務	
	會議記錄沒有在會議當天發放	

上表列舉出各階段中可能會出現的狀況。請讀者可以檢視目前的狀況。

☑未明確地決定會議的目的

所謂會議就是一人以上就可以成立。無法以個人自由意志決定，為收集自數位參加者的多樣化觀點。這就是會議的意義。

目的可區分成三類，就是「決定」、「拓展」、「共有」。

既然要開會，必須了解「為了什麼目的來開會」。

☑會議邀請不需要的人員

依右圖中所述的會議目的，篩選可參加的人員。

・「決定」會議

本會議由多位決策者齊聚一堂。目標可分為「通過（OK）」與「否決（NG）」2項。

・「拓展」會議

本會議由從事相同工作的專案人員等共有召開。正如有句諺語說「三個臭皮匠，勝過一個諸葛亮」，只要三位凡人聚集就能取得很棒的智慧。發想的擴大和飛躍性的進步就是目標。

・「共有」會議

本會議由樂天公司的全體員工都會參加的大規模會議，連各個小組所召開的晨訓也各自不同。目標在於「傳達意旨」，會定期召開。

依這些會議的目的，必須將參加者加以分類。

☑會議主席主持會議沒有腳本

會議的運作上，主席的存在是必要的。沒有主席的會議，絕對無法順利運作。

只是必須注意的是，有主席在的會議，也有運作不順的會議。

事實上，這樣的案例壓倒性地多，不能順利運作的原因在於主席沒有設定會議的目標，也沒有攜帶流程的腳本。這樣的會議時間冗長，什麼都無法決定。

☑參加者多半不感興趣

主席只有一人，但與會者至少有數位。影響會議的品質和效率是否能提升，關鍵在於與會者。在會議當中，完全不發言的與會者只是少數人吧！

我曾出席過日本企業和外商公司的種種會議，與外商公司相比起來，在日本企業工作的商務人士，壓倒性地較為沈默。而外商公司的會議中，若不提出發言和提問，就是代表同意該議決。另一方面，如果一直「沈默」下去，與其是「同意」，不如說是「不感興趣」、「無知」、「無能」。會議設計訴求在於讓參加者能夠容易發言的場面。

☑未指派接下來行動相關的任務

當會議結束後，會決定「NEXT STEP（接下來任務的負責分配）」後再解散。

會議中討議的成果，與會者需要做出行動後，開始「開花結果」。因此雖行動計畫為必要的，並不能過於浮誇，只要決定三項即可。

也就是「任務（行動內容）」、「擔任者」、「日期」三項。如果彙整於一行的話，就是只要能和與會者共有即可。為了省去這個麻煩，不會特地將會議的成果「付諸行動化」的案例居多。事實上相當地可惜。

☑會議記錄不在會議當日分發。

會議會占據參加者的時間。占據他人的時間而召開的會議，必須有確實的成果才行。比照這三個會議的目的，什麼是被「決定」的呢？什麼是被「拓展」的呢？什麼是「共有」的呢？將這些成果記錄下來的叫作會議記錄。光是會議的日期、參加者、記下舉辦場所並非會議記錄。將目標（成果）記錄下來的才叫作會議記錄。

還有會議記錄如果會議當日沒有分配的話就完全沒有意義。那是因為參加者都是在踏出會議的瞬間，就去忙下一個工作的事情，已忘記討論的內容。

我想讀者們都有被說中幾條吧？
如果只符合幾條就姑且安心的話，是相當危險的想法！
如果這六個項目中有符合一項的話，就無法讓會議運作順利。

運作不順利的會議，問題相當深層。
主席和參加者當然也必需克服該公司的文化和會場氣氛等因素的課題。
只要可以釐清問題的根本原因，就能找到有助於會議運作的對策。
那麼無法順利運作的會議的根本要因是什麼呢？

無法順利運作的會議「三欠缺」

試填過檢視表的各位讀者們，目前多處於何種階段呢？

以下列舉各個階段有的症狀。

會議「前」症狀

☑**會議目的未明確。**

☑**會議邀請不需要的人員出席**

↓這二個症狀的原因就是在於主席的**「反推能力的缺乏」**

會議已從準備階段開始。由會議中訴求的成果反推回去的話，可分為應邀請的人員和不應邀請的人員兩種。

會議「中」的症狀

☑**會議主席主持會議沒有腳本**

☑**參加者多半不感興趣**

↓這個症狀起因在於主席的**「引導能力的缺乏」**。

對於有限時間內，將定案的論點的意見加以「延伸展開」，對於可實現之物加以「分工」，有必要「俯瞰」思考要如何作行動。

會議「後」的症狀

☑沒有轉化成連結接下來行動的任務。

☑會議記錄不在會議當日分發。

↓此症狀發生的原因在於**「欠缺決心」**

會議是借助他人力量的場所。就像借錢還款一樣，借助的力量能將會議的成果付諸行動，進而回饋到參加者身上。

因此，抱持「決心」，堅持將會議成果付諸實現到底相當地重要。

就「會議前」、「會議中」、「會議後」將無法順利進行的原因分成「三欠缺」。

亦即

「逆算能力的欠缺」

「引導能力的欠缺」

「決心的欠缺」

彌補這些欠缺的元素，正是能使會議運作順利所需的。

為了成為運作順利的會議，必須面對**「三欠缺」**。

那麼要如何才能彌補這些欠缺的要素呢？

為何運作順利的會議只需要一頁的秘笈

腦海中是否有「一張藍圖」呢？

順利進行的會議所需的專業技巧，其實**「只要一張」**就好。

雖說是「一張」也不能輕忽。反之，該專業技巧如果也能像使用手冊一樣如此多頁的話，則無法在工作現場運用，因為內容太多無法全部記住。

我看過很多商務人士和經營者，他們工作很有效率，動員屬下實現計劃。發現其中有一個共同點。

因為他們已具備彙整於**「一張紙」**的歸納能力。

從有數十頁的事業計劃及大規模的專案等，將複雜的事態都彙整於**「一張紙」**上。

有行動力，又有實績成果的商務人士與相反的人之間的差別，只在於是否具備彙整於**「一張紙」**的能力。腦海中是否有一張藍圖呢？藍圖只有一張，若能快速地俯瞰檢視整體形象，就能意識從現在位置到設定的目標之間的障礙在哪。

假設這個地圖有二張以上的話，會讓整體概念難以被看清。腦海中是否有這張紙，為取決是否能創造壓倒性的行動力的命運交叉點。

變成又冗長又沒用的會議，或變成短而有用的會議，負責掌握會議流程的主席腦中只有**「一張紙」**，在有限時間下，應該要提出哪些目標的「歸納能力」是有必要具備的。

在本書的前半部，將會公開這個專業技巧。

在左表中，彙整出有效運作會議的專業技巧於一頁上，稱作**「最強會議架構」**。

■「最強會議架構」

	運作順利的會議	運作不順的會議	對策
前	目的、論點、人員明確且適當。	「推算力」的欠缺	**❶會議的人選** •將會議分成三階段，依各階段選定與會者 •花15秒的時間刪去不適當的人員 **❷論點（問題）** •作成問句 •比較兩者 •填寫數字 •以What → Why → How方式發問
中	短時間內進行深度探討	「引導能力」的欠缺	**❸設定目標** •剛開始的三十秒進行目標宣言 •簡潔句打開開關 **❹腳本** •書寫三種腳本大綱 •在會議進行中一邊意識到計畫包，加以大張旗鼓地收集意見後再完美收尾 **❺展開（延伸）** •化解冷場，炒熱氣氛 •Never Say No！（絕不否定） •一齊發言 •可視化 **❻收尾（收束）** •二分法 •四分法
後	會議成果共有及化為行動	「決心」的欠缺	**❼一頁式會議記錄** •花三分鐘寫出下一步 •會議記錄在「當日分發」

出所：CRMダイレクト

會議的「前」、「中」、「後」各個階段，無法順利進行的原因有三個。針對這些原因，在此揭示共七個對策。

本書由前半部和後半部構成共五章，詳細說明集中於一頁的專業技巧的內容。

前半部為**「零浪費會議術&基礎篇（第一章至第三章）」**

後半部為**「零浪費會議術&應用篇（第四章至第五章）」**

第一章的「零浪費會議術&基礎篇（會議前）」，針對會議「前」的準備，尤其是針對議題設定的手法進行解說。

第二章的「零浪費會議術&基礎篇（會議中）」聚焦於會議當中，會議要如何熱烈地舉行，並能完美彙整呢，會為您作出詳細介紹。

第三章「零浪費會議術&基礎篇（會議後）」中，注目於會議完成後。會議完成後，只要花數分鐘的總結，將創造超乎上百倍的差異。為您介紹具體的方法。

第四章、第五章「零浪費會議術&應用篇」中為您介紹各種會議中活用的發展性手法。

為您介紹的**一張紙的專業技巧**，乍看很簡單，但實際去操作卻超乎想像地困難。

願您能一邊活用本書，進行反覆試錯後，變成自己的技能。

第1章

會議「前」

（零浪費會議術&基礎篇）

太糟了！
竟然忘記
這個了！

不要叫討厭的人來參加會議！

SMAP的慶功宴上沒有邀請木村的理由

您是否曾有這種想法呢？

「為什麼那個人會參加這會議呢，真討厭耶！」

先作出結論，像這樣的人**今後也不用邀請來會議**。

「會議」不是只有一個人開，最少是兩個人，通常是三人以上集合，才會形成會議的體制。因此，重要的是**應該邀請誰來呢**？

一直都被世人公認為「國民偶像」的偶像團體SMAP，於2016年12月已解散。

不像他們每年都會出席年末的NHK的紅白歌唱大賽，在2016年的最後一日，並沒有看到他們的身影。這個時候他們在哪裡呢？

除了中居正廣以外，還有稻垣吾郎、草彅剛、香取慎吾，以及從前退出的團員森且行五人，在東京都內的高級燒肉店內舉行慶功宴。在宴席上，只有木村拓哉一人沒有出席[4]。

木村為何沒有參加呢？可推測如下兩個理由之一：

> 推測A：有邀請木村拓哉，但他沒有出席
> 推測B：沒有邀請木村拓哉

以上兩者可說是天差地別。

如果是B的情況，也就是他們沒有邀請木村的話，就如同對木村表示「你不是我們的夥伴」一般如此強烈的訊息。

事實上也只有當事人才會知道。那麼我們來設立假說看看吧！

為團體最終解散而企劃慶功宴的是團長中居正廣先生。中居有邀請森且行前來，卻沒有邀請木村。

那是因為與其為了將團員「全數」湊齊而邀請木村前來，還不如少一個人，讓氣氛更佳融洽。

從前有報導指出木村拓栽和香取慎吾之間不合，以及該團體內部意見有對立，透過電視報導觀眾也得知SMAP感情欠佳之事。

而在年終歲末之際聚集在一起的目的，並非「形式上的聚集」而是盼望「最後能互相笑著說再見」，所以中居正廣的判斷可能也是適當的吧！

不過，該判斷適當與否並非我可妄下定論的。

只是能夠肯定的是，如果是因應目的選定參與者的話，那就身為聚會的召集人而言，說這是最適當的行動也不為過。

4 《日刊現代DIGITAL》2017年1月5日出刊

會議分成「三階段」來挑選參加者

在會議「前」最初應考慮的是「該邀請誰」，反言之也可說**「不邀請誰」**。為此目的，必須好好理解「會議」的特性。依該特性，參加人選的遴選也會不同。

會議的特性可分成**三類型**。

依目的分類上可分成三個類型，亦即**「決定」會議**、**「擴展」會議**、**「共有」會議**。依類型的不同來篩選不同人選。以下解說這三種會議。

・**「決定」會議**

此種會議的目的在於決定「通過（ＯＫ）」或「否決（ＮＧ）」。

■會議的人選

「決定」會議	「拓展」會議	「共有」會議
訴求作出決斷的會決策者聚集在一起，目標在於「通過」或「否決」。業務會議等為代表例。	訴求創意的延伸和活躍。有必要選擇多樣性人選。腦力激盪會議等為代表例。	為傳達意思的會議。有必要接收傳達訊息的相關者全體都參加的情況常見。全體員工會議、早會等代表例。

・決策者 ・簡報發表者 ・顧問	・專家 ・創意發想者 ・多樣化人材	・相關者全體 （請注意是否有遺漏）

因此，必須主要召集決策者。邀請並無持有權力的非決策者也是白費功夫，所以不必邀請這類的員工。

——需邀請者：決策者、簡報發表者、顧問

——非邀請者：非決策者、一般職員

・「拓展」會議

本會議的目的在於創意的延伸和活躍。與年齡無關，應選擇創造力豐富的員工。如果成員都是男性的話，應再加上女性，發想空間會更加寬廣。至於決策者不免會潑冷水、扼殺想法，不邀請才是上策。

——需邀請者：專家、創意者、多面性人材

——非邀請者：批判者、超現實主義者、決策者。

・「共有」會議

本會議的目的在於「意思傳達」。也可以電子郵件傳達，若是要像樂天株式會社般面對面開會的情況下，應注意不要有所遺漏。

——需邀請者：相關者全體（注意勿有遺漏）

——非邀請者：外部人員

如上述，依會議類型，選定人選。

然而，這**不是**只有這裡講講如此**簡單**而已。

因為存在著**「姑且也邀請來參加的員工」**，這裡形式上把他們稱作**「姑且參加人員」**。

對照來看，會議上必需存在的人，此處稱作**「重要人物」**。

會議就是必須最少要有「重要人物」參加才能順利運作下去。

因為如此一來意見更加活化，論點也不易偏離。

如果是「姑且參加人員」也前來參加時，會議人數增加，意見不只不會活化，論點也容易流於「枝節」（非主要重點）化，既花時間，效率也會相當低落。

這時，召集會議的主席也很沒輒。

不如學習不邀請木村的中居正廣團長的作法。

答案就是**「因應目的邀請適當的人選」**。

進而言之就是**「邀請能達成目的的人員」**。

換句話說，也是**「邀請欣賞的人出席」**。

也就是說，**「不邀請自己討厭的人員」**。

只不過，「姑且參加人員」會破壞氣氛。「姑且參加人員」傾向希望形式上被需要，因為他們討厭被排擠。

那麼針對其實不想邀請的「姑且參加人員」，該怎麼做出應對呢？

花十五秒避開麻煩

前述提及傑尼斯偶像團體SMAP，因為沒有邀請木村去慶功宴，予人一種強烈被排擠的感覺，像這種史無前例結合而成的超強偶像團體之間，若信賴關係遭受破壞，有隔閡產生，就也無法修復了吧！

然而，公司「姑且參加的員工」也是今後必須一起工作的同事。因此，最佳對策就是**「事前&事後的共有」**。

人際關係產生衝突的主因是**「共有的欠缺」**。

「我根本沒有聽說」這樣的狀況是最糟不過的了。

如果是很簡單的事情，不邀請「姑且參加人員」，必須作好「事前&事後的共有」工作相當地重要。只要做好這個，就不會有「被排擠的感覺」。

那麼，具體上該如何進行「事前&事後的共有」呢？對策如下：

事前（會議前）共有——不只是電子郵件，口頭上也會自然提及

事後（會議後）共有——不只是口頭上，會議記錄也應該大方分發

事前（會議前）共有上沒有收到電子郵件。細微差別無法傳達。感到一股強烈的被排擠感。即使是相互擦身走過告知也是可以。

「啊，關於上次那件事，我們目前只有請相關當事人參與商量。我想你很忙，開會結果再分享給你吧！如果你有什麼意見也可以提出哦！」

只要如上述般以口頭傳達即可。

希望讀者也能此先進行事前演練，將這台詞唸過一遍。

到講完為止只需花**不到十秒吧！**

然而，有沒有這個**「十秒」**差距甚大。

請務必留意口頭上分享。

接下來就是事後（會議後）共有。這不是只有口頭，可以將會議記錄以電子郵件方式傳送出去。光是用口頭可能會有漏傳的情況，若用會議記錄，當事人會有「沒有被別人排擠忽視」的感覺。

在傳送會議記錄的電子郵箱列表上加上「姑且參加人員」的帳戶名，只需花**「五秒」**時間。

事前共有共花**「十秒」**，而事後共有共花**「五秒」**，加起來只需花**「十五秒」**的時間，可以省去不叫「姑且參加人員」，這樣對方也不會有所疙瘩。

會議時間有限。

只需聚集需要的人，優先展開最有必要的討論。

因此，對於會抱怨的人，只需花**「十五秒處理」**就沒有問題。

■對策①會議的人選　彙整

【依目的而定的會議人選】

會議的人選，因應目的，可分成應邀請及不該邀請的人

目的	受邀者	非受邀者
〔決定〕會議	決策者 發表者 顧問	非決策者 一般職員
〔拓展〕會議	專家 意見者 多樣人材	批判者 超現實主義者 決策者
〔共有〕會議	相關者全體	部外人士

【未受邀人員的應對方式】

對於未受邀人士，應以「十五秒的關懷」不要讓他們有所芥蒂，請他們避開

時段	時間	方法
事前（會議前）	十秒	不只以電子郵件，以口頭共有
事後（會議後）	五秒	不只口頭，以電子郵件送交會議記錄

立刻檢查會議議題是否為問句呢？

危及一萬三千人的性命與「令人感到咋舌的會議內容」

我至今看過很多種形形色色的會議，其中最參差不齊的就是**「議題」的內容**。「有充實內容的會議」和「令人感到無奈的會議」之間的差距，取決於**「議題」**。這個差別可說是天差地別。

舉例而言，若是您的話，下次會議中將面臨「何種議題」呢？

攸關人命的「會議」總是沒完沒了地拖拖拉拉下去。約有一萬三千人的性命等待救援。這一萬三千人寶貴的性命，托負於數十人的會議參加者身上。責任重大。（關於會議的情況，請大家參考佐佐淳行先生的文書記錄[5]）

1986年11月21日伊豆七島之大島三原山發生噴火事件。島內一萬三千人被困住。逼近街道的熔岩一旦流入海中，水蒸氣爆發一萬三千人會被沖走。這個事態是全日本最大

[5] 來源《我的上司 後藤田正晴》佐佐淳行著（文藝春秋）

危機。

為了解決這個前所未有的事態，首先以「會議」展開。參加者就是當時負責政府機構的國土交通省（相當於交通部）和相關部會的官員。

從傍晚開始的會議沒完沒了地持續下去，與官邸之間的連絡也受到阻擋。

那時居民身陷危險當中，是分秒必爭、刻不容緩。

當時等到無法忍耐下去的後藤田正內閣祕書長（當時）派人去調查這拖拖拉拉的會議在做什麼。以下這是他們的會議議題。

令人感到錯愕的會議議題如下：

【議題1】災害對策總部的名稱
是大島災害對策總部還是三原山噴火對策總部
【議題2】使用日本的年號呢？還是採用西曆？
是要寫昭和61年呢，還是西元1986年呢？

官邸的人員驚訝地對會議參加者問道「為什麼會問這種問題？」因為昭和天皇年事已高，萬一有什麼事發生，就會面臨改年號的問題。不過，從前從來沒有沿用過西元等等，展開沒完沒了的討議。

熔岩向居民一步步向逼近當中，在可能會發生天大的悲劇的危機下，不進行該如何讓居民避難的本質性**「主幹」型議題**，而是把時間花在無所謂的**「枝節」**型會議上。

事實上，我在會議術的講座當中和參加學員敘述官員的議題瞬間失笑，的確不論及「主幹」，一直停留在**「枝節」上的會議**的確是很滑稽。

因此，在等待參加學員笑聲停止之前，我開始加強語氣：

「這個故事很好笑吧，大家有沒有開過這樣的會議呢？有沒有開過類似的會議呢？」

此時，參加者席間不再有訕笑，忽然氣氛凍結起來，因為公司的會議當中經常也是偏離「主幹」，反覆進行「枝節」的議論。

回到大島三原山的後記，在國土交通部的「枝節」會議結束後的深夜，一萬三千位以上居民的救出行動早已開始了，這都歸功於無視於一切「枝葉」，以「主幹」的論點展開行動的中曾根康弘首相、後藤田內閣祕書長、佐佐氏，比起官員們的會議提早採取行動的關係。

適當的議題設定其實出乎意料之外地困難。

對於大島三原山的危機狀況下，如果是您的話，在會議中要議論什麼呢？

針對會議術講座的參加者，設定於大島三原山的危機情境下，要如何制定會議的議題，得到「要如何立刻救助人命呢」等議題和論點。

如果只能制定這樣的議題，會議就完全無法具體化。

所謂具體化是舉出以下的議題為例。

「乘載一萬三千人要多少艘船才夠呢？」
「那些船在哪裡呢？」
「容納全員最短花多少時間？」
「距離最近的船在哪裡呢？」
「要拜託誰才能動員船隻呢？」
「在依序救出對於蜂擁而至海港的島民時，有什麼規則呢？」

在此狀況下，只要在瞬間設定如右的最小複數議題，就能接連不斷地作出回答，而不是討論和曆或西曆的時候。

也就是說，會議中經常是；
連續進行 議題（問題）→回答

只要沒有設定適當的「議題（問題）」，就無法有適當的「答案」。
要召開「精實的短時間會議」時，最重要的是**議題的設定**。

大島三原山危機對策會議當中，不管花了再多時間，只要沒有設定適當的議題，就無法找到救助人命的解決方式。

決定「會議」開始前的「議題」階段中，究竟是朝「順利進行的會議」，還是朝「進行不順的會議」的方向已有所定案。

那麼，要如何才能掌握「主幹」的議題呢？以下介紹四個方法。

附上問號，形成問句

會議的品質，也就是究竟是「淺薄的長時間會議」或是「精簡充實的短時間會議」呢？其實取決於議題。

重要的是，不管**「枝節」的議題**，只需掌握本質性的**「主幹」的議題**。

說得很簡單，但做卻不容易。

希望各位能檢視從前開的會議。是否有以下狀況呢？

- 一直在講偏離議題的內容
- 雖在討論議題，但卻不在乎最後結論是什麼。

以上這二種都是掌握「枝節」的議題而已。

無論如何，請先掌握「主幹」的議題吧！

在這裡，我們先來回顧是否過於理所當然的「會議」的大前提。

如前述，所謂「會議」就是，

連續進行 議題（問題）↓回答

因為有議題，才會議論該答案的叫作「會議」。

也就是議題一定都必須是**問句**。

所謂**「發問」**，就是必須是**問句**。

所謂**「問句」**，就是必須在句末加上問號**「？」**。

希望您能檢視一下自己公司的議題。

是否議題的最後都有加上問號**「？」**呢？

如果是以「關於」等等的說法，無法成為議題。

舉例而言，接下來業務會議就快開始。

團隊全體的銷售額達九億日圓，但未達成十億日圓的目標。而到期末為止只剩三個月，是令人感到困擾的狀況。

那麼，要如何設定議題呢？讓我們來列舉良例和不良例吧！

〔不良例〕　關於目前的業績不振

〔良例①〕　**目前的業績不振要由誰來如何挽救呢？**

如果是問句的話，就會有答案。或說對方會想作答〔良例①〕。不過，若不是問句的話，聽者也不會想作答。

「關於」這個說法為相當典型的議題〔不良例〕，這不會收到別人的回答。

如果是〔良例①〕的話，對於業績不振的現況，應議論各個負責者的具體行動。光是如此也能搖身一變成為「精實的會議」。

所謂議論，換言之，就是討論的要點。也就是論點。而「論點」本身就是**提出問題**。

在面對分秒必爭的災害時，關於「應使用和曆或是西曆呢？」這論點，或是討論「為了救出全部島上居民，應該要出動幾艘船來救援呢？」時，回答（會議中）的內容也有很大差別。

掌握「主幹」的議題制作方式有四個訣竅。

首先，第一個是議題必須是**問句**。

再來，關於要如何提出具體且敏銳的論點，為您介紹以下三種方式。

兩者比較法

進行「**比較**」以後，「主幹」的議題也容易被掌握住。

比較的公式如下，為減法

比較的公式A－B＝C（差額）

請看以下例子。

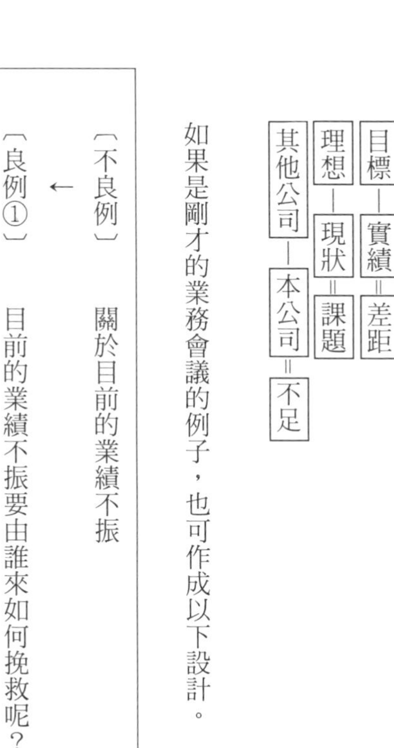

如果是剛才的業務會議的例子，也可作成以下設計。

〔不良例〕　關於目前的業績不振

←〔良例①〕　目前的業績不振要由誰來如何挽救呢？

←〔良例②〕　**業務目標與實績之間的差距，要由誰來如何挽救呢？**

比起良例①，可知良例②的議題較為具體吧！

比起良例①的「業績不振」，良例②的「業績目標與實績之間的差距」

之議論較為具體。比較其背後的「目標」與「實續」，聚焦於差距上較有效果。

只要進行比較後，人們就會採取行動。這在心理學上也有證據可證明。

「週刊東洋經濟」2017年11月25日期中介紹淺顯易懂的例子[6]。市民遲遲不在期限內繳納稅金的情況下，只要改變納稅通知用語，就能達成顯著的改善效果。

A「在期限內支付吧！」

B「跟你住在同一街道的人們，十個人當中有九位是按期支付」

結果如何呢？

就遵守期限繳納稅金的比率來看，A是67．5％，B是83％。

和A相比起來，以B的例子來看，在期限內採取納稅動作的市民增加了15％。

B市民在期限內繳納是因為「跟你住在同一街道的人們，十個人當中有九位」這句話生效。

與周圍作**比較**以後，只有自己遵守法律的感覺，會使納稅行動也往後推遲。

「比較」發揮作用。

「關於」這個起頭法，使會議的氣氛變得僵硬。

請留意以「（比較後）是這樣嗎」等的問句切入，讓對方可以作答吧！

接下來，為各位解說掌握第三個「主幹」議題的要領。

填入數字

現在將剛才的納稅通知的書信文字請再閱讀一次吧！

6 出處：《週刊東洋經濟》2017年11月25號刊

A「在期限內支付吧！」

B「跟你住在同一街道的人們，十個人當中有九位是按期支付」

乍看之下，會注意B吧！因為B已提及**「十人中有九人」**這個數字。我們在日常生活中，有先看**「數字」**的習慣在。購物時的價格、學校的成績及高爾夫的分數，首先先注意的就是**「數字」**。

「數字」可以予人冷靜透徹的判斷，具體上最有說明力。

「議題」上如果添入數字時，感覺相當強而有力。議論內容是最「充實且具體」。

現在，讓我們來變更前述的業務會議的議題吧！

〔不良例〕 關於目前業績不振

↓

〔良例①〕目前的業績不振要如何挽回呢？

〔良例②〕營業目標和實績之間的差距，要靠誰來挽回呢？

〔良例③〕**目標未達成的「一億日圓」需在「三個月以內」完成，應該由誰來挽回局面呢？**

比起良例①的「業績不振」、良例②的「業績目標和實績之間的差距」，良例③的「目標未達成」之「一億日圓」在「三個月以內」，所論及的內容是具體的。因為後者包括**「數字」**在內。

對於包含**「數字」**在內的論點，著力點較強。在奧林匹會舉行中，人們在談論的論點一直都聚焦於獎牌的「數目」。

當我們懂事後到成人為止，考試的分數及運動會的跑步的順序、學力偏差值※及每月薪

※類似台灣PR值的學測計分方式

水等，透過數字，判斷基準也能加以明確化。不，應該說，這樣會讓人們更加在意起來。

是的，也就是說，使用數字，會讓人變得認真在意起來，巧妙地將此引力引導出來，試試看設定議題。會成為幾近「內容充實的會議」。

敏銳的議題（論點）是基於參加「內容充實的會議」的回數，就會越來越清晰，切入重點。

基於參加回數累積的經驗，只能交由讀者來實行，而「不良例」與「良例」也有其他舉例說明，希望供您參考。

【減重】

〔不良論點〕　關於有效的減重

↓

〔良好論點〕　**要如何在三個月內從70公斤減到60公斤呢？**

不良論點沒有以問句方式詢問，也不具體，即使開會也無法進行良好的議論交流。良好的論點是在三個月內減重十公斤的具體目標，這也是有點嚴格的目標，除了飲食控制以外，也要作運動，可望能進行具體的議論。

【馬拉松的跑力提升】

〔不良論點〕　關於全程時間的縮短

↓

〔良好論點〕　**在100天以內，盡最大可能縮短十分鐘的話，要怎麼辦到呢？**

不良論點並非問句，而是論點本身就是抽象的。

良好論點是如何在100天以內，盡最大可能縮短十分鐘的目標很明確。可知應進行一天六秒、一週內四十二秒，一個月縮短三分鐘的訓練選項。

議題（論點）要相當**具體**簡潔。

具體而言，以下二要素是必要的。

第一是**「數字」**。

第二是**「名字」**。

「數字」和「名字」都有變成文字化的責任。正因為如此，將兩者放入議題時，會變得具體化。

以What→Why→How問句詢問。

為掌握「主幹」的議題，此到此有三項重點：

- 變成問句
- 作比較
- 填入數字

最後第四項是，制作英語5W1H的議題方法。

用不著再作說明，關於5W1H應再書寫一遍。

- When（何時）
- Where（哪裡）
- Who（誰）
- What（為什麼）
- How（如何做）

上述當中，當使用**What（為什麼）、Why（為何）、How（如何做），議題能更加有邏輯**。

會議就是由人們執行的，時時會受到參加者的影響。

也就是說會議的方向，容易由來自人們的「聲音的大小」和「當時的氣氛」來決定。

此時，唯一可以當作武器的就是**邏輯性行進**。

邏輯性就是構築合理的程序和結構。

那麼，運用邏輯性思考流程的代表性職務類別是什麼呢？是律師嗎？還是大學教授呢？

上述也包括在內，而在我們日常生活中最習習相關的是**「醫生」**。

醫生即使知道對於病患的主訴為腹痛，也不會立即開立處方簽，即使病人主訴為頭痛，也不可能馬上進行動刀手術。

那是因為他們會依據邏輯性思考的流程，如果不依據會危及生命安全。

他們大致上都貫徹以下邏輯性思考的流程。

- **有什麼**（WHAT）問題？→傾聽患者的描述
- **為什麼**（WHY）有這問題？→如果感到可疑時，可以用X光照射檢查作為保證。
- 那麼**該如何做呢？**（How）→將範圍鎖定於改善症狀的處方簽後加以實行。

醫學有特殊的技術，在商業場合中沒辦法複製。只是這種邏輯性思考流程相當簡單，可以在會議中大大地重現。

深入了解會議狀況，將議題分成**What（什麼）、Why（為什麼）及How（如何做）**。

下頁表中，列舉出必須進行檢視的會議的狀況的順序（認定問題→主因釐清→對策立案）。

必須注意的是這順序也許會亂掉。

例如以下例子。

【跳過主因釐清】

（例）最近離職的人很多（問題）。每月都開慶生會，讓職場氣氛活絡（對策立案）。

■What、why和How的議題設定

狀況	問句和議題例	階段
不知有什麼問題，沒有共有共有	What（什麼？）	問題認定階段
可以辨視問題 但為何會發生呢，主因仍未明朗化。	Why（為何？） （例）為何問題會發生呢？	主因釐清階段
主因已明朗化， 但沒有解決和對策	How（如何做） （例）為找出原因，該怎麼做呢？	對策立案階段

↓離職並沒有「主因釐清」，省略了「主因釐清」和對策

【省略對策立案】

（例）最近離職的人很多（問題）產生。主因是加班時間激增（主因釐清）。因為已追究出原因，已沒問題。

↓由於沒有緊急增加加班時間的「對策立案」，無法解決問題。

若在醫院裡有以下這樣的狀況發生就糟了。

【省略主因釐清】項下，主訴為腹痛，沒有經過充足的診察的就開刀。

【省略對策立案】項下，「發現罹癌了，那請你們回去吧！」就這樣拒絕提供治療。

為了有效運用「會議」的時間，提出**「現在是什麼狀況？」**的問題，使用問句掌握主幹重點。

那麼會議前的準備就到此告一段落。

差不多開始進入主題吧！

■對策②論點（問題） 彙整

【對於問句】

- 議題後加上問號，變成問句。
- 並非「關於」，而是「某人事時物等～嗎？」

【比較兩者】

- 疑問是比較二項，製造問句。
- 公式是「目標/理想/其他公司」-「實績/現狀/本公司」＝差距

【填入數字】

- 在議題上填入「數字」。
- 所謂「數字」就是「目標數值」、「金額」、「期間」等。

【以WHAT→Why→How提出疑問】

階段	問句
問題認定階段	WHAT（為什麼）
主因釐清階段	WHY（為何）
對策立案階段	How（如何做）

- 釐清進入會議前的階段（狀況）
- 依What→Why→How的順序進行檢視。

第2章

會議「中」（零浪費會議術・基礎篇）

有苦難言！！
不決定「目的地」的話，
明天就不開會！

剛開始三十秒內決定目標

差不多該來開會了吧！

究竟會成為「內容淺薄的會議」或是「內容充實的會議」，只要聽主席一**開始三十秒的發言**，輕易就能判斷出來。

在這之前，我們先來玩一個猜謎遊戲看看！

說到「會議」，也會想到「海外旅行」，兩者的共通點為何？

兩者都是必須決定「目的地」，否則只會綿綿無絕期！

是的，「會議」和「海外旅行」之間的關聯性在於兩者都是必須先決定「目的地」，否則就會沒完沒了。去海外旅行時，沒有不決定目的地，就直接衝去機場的人吧！

先決定出國地點，調查當地的氣候，準備ＶＩＳＡ信用卡和當地貨幣。若不這麼做，在有限的旅行時間內，容易白白浪費時間。

■主席在會議開頭的三十秒的發言

不良例：不決定目的的會議	良例：決定目的的會議
那麼現在開始進行一小時的會議。今天的議題是OOOO。	這個會議，如果議題進行至〇〇的話就會結束。最長為一小時，如果〇〇的話，會立刻結束，請大家多多配合。

會議的時間也是有限的，如果不決定目的地（終點），就突然說「準備好了就開始！」是有問題的。

決定會議終點也就是決定**結束條件**這件事。

有「若到了這階段會議就結束」如此的到達目的地，就是會議的終點。

然後，只要聽主席一開頭三十秒內的發言，就能判斷這是個「內容淺薄的會議」或是「內容充實的會議」。重點在於，開頭三十秒內，是否有宣示**「已達成目的（到此階段的話會議就結束）」**呢？

上表為沒有決定目的的不良例和決定終點的良例之間的對照。

只要決定最初的目的，那個會議就會是「有用且充實的會議」。

會議的四大煩惱就是**「時間過長」**、**「內容淺薄」**、**「無法決定任何事」**、**「沒有人發言」**，可視化並容易改善的是**「時間過長」**這個煩惱。

會議容易拖拖拉拉。然而，沒有人會喜歡「冗長的會議」。因此只需花點巧思讓會議縮短，變成「精減會議」。根據經驗上，只要稍加點巧思，就能將會議時間減半。

這個巧思就是決定目的之事。也就是說，先明確地決定**「會議的目的為何」**。要以什麼作為終點呢？換言之，就是**「當做到什麼時就會結束」**。即使會議設定一小時，只要先到達終點目標，會立即結束。如此一來一定能縮短會議的時間。

當然，光憑藉此就能使時間減半嗎？也要視能否依會議的類型進行正確的目標的設定。是的，會議就是**會依類型而定，目標也會不同**。

■會議的類型與目標例

類型	內容	目標例
「決定」會議	經營會議等訴求作出決斷的會議。	決定A案或B案的會議 →若決定為A案後就大功告成。
「拓展」會議	腦力激盪等訴求發想的擴大的會議	想出十個點子 →如果想出十個點子的話，就結束會議。
「共有」會議	晨訓等訴求傳達全體共有意思的會議	讓相關者認識和理解 打開開關

會議有分為「決定」會議、「擴大」會議、以及「共有」會議。

上表示列出各個會議類型和目標的例子。

「決定」會議將目標明確化，當意思決定後就能結束會議。

「擴展」會議有目標上限值，若能完成擴大發想時就結束會議。

有問題的是「共有」會議。「共有」會議的目標難以決定。

會議中最多的是晨訓和定期報告等「共有」會議。電子郵件等現今溝通發達的時代裡，特別面對面召開會議的意義被人們所質疑。

如右表，「共有」會議的目標為「打開開關」，這是什麼意思呢？

以簡短的語言打開開關

「共有」會議頻度變多，容易變成例行化形式。所謂例行化（routine）就是「刻板工作、慣例」等意思。每天早上的晨訓，每週一次的例會等，「共有」會議可說是刻板例行化會議。

對商務人士來說，是很無聊的例行化公事，運動選手會選擇其他方式。這應用於轉換心情，並開始**打開開關**的運作。

例如，職業橄欖球選手在踢進球門之前一連串的動作都是「例行公事」。

例行公事就是每次絲毫不差地反覆進行著。

對於運動員來說例行公事的目的只有一個，就是為了提升助益於勝利的精度。對五郎丸選手來說，他有正中紅心80%以上的成功率。

重覆相同動作的例行公事，可說是為贏得勝利的儀式。

另一方面，對於商務人士的定期會議，也就是「共有」會議，也形成運動選手為勝利所作的儀式吧！

只要出席該會議就幹勁滿滿，工作的精度也會提升。如果是為此目的的會議的話，就沒有抱怨可言了。

不過，若不是如此，原意為「刻板工作、慣例」，就不是像運動選手一樣為了起動身體運轉機制的「例行公事」。

那麼，像五郎丸選手般的例行公事，若要應用於我們商務人士於會議中加以實踐時，具體應作什麼才好？

也就是**「共有內容的關鍵字化」**。

更簡單地說就是**「簡短表達」**。

具體來說就是將共有內容在**「十三個字以內傳達」**。

我想也有人因為校長先生的晨訓太過冗長而暈倒過吧！我從沒聽過那樣長時間的訓話能轉變人生的實例。說個不停拉拉雜雜一大堆，本來誰也記不住吧！

「共有」會議也有這種感覺。大家都對拖拖拉拉的會議感到束手無策。

分享個人重要想法時，都很有可能會像上述的校長一樣講得沒完沒了。若是如此，對與會者來說，就沒有任何鼓動作用。

「共有」會議中應實踐的是讓參加者理解參加內容，能進入狀態，主要能致力於工作。

因此，將**「共有內容關鍵字化」**也就是說，試試以**「在十三個字以內傳達」**的方法。

這個**「十三個字」**其實在日常生活中常接觸到。

例如在入口網站「日本雅虎」的首頁上看到一則新聞的標題，因為時時刻刻都在播放最新報導消息，請試著數看看有幾個字。

幾乎全部的標題摘要成十三個字。無論報導本文有多長，或是多複雜的新聞，標題都是十三個字。若沒有這樣，不能快速傳達給多數的瀏覽者「現在發生了什麼事」。

進行摘要時，需要一點功夫，試試看發現出乎意料之外地難。

也就是為了情報能夠正確地傳達出去，必須付出**「勞力和努力」**。

在共有日常情報時，各於付出摘要所需的勞力和努力，有完沒完地說個不停，也等於偷懶沒做好工作。

此外，還有另一個企業，也對於這種短文的摘要也付出相當多的**「勞力和努力」**，就是營運AMEBA部落格的Cyber Agent（思數網路股份有限公司）。

該公司每半年舉行一次公司全體員工集合的員工大會。這裡由藤田晉社長每次發表下半年的經營策略方針的口號。

以下為該實際口號的例子。

Cyber Agent的口號例子

- 2012年下半年　「勝負之地、緊要關頭、天王山」
- 2013年上半年　「緊要關頭續篇」
- 2013年下半年　「狂熱」
- 2014年上半年　「強大三倍的Agent」

・2014年下半年　「爆發性成長」
・2015年上半年　「黑暗中的跳躍」
・2015年下半年　「FRESH」
・2016年上半年　「NEXT　LEVEL」
・2016年下半年　「低姿態」

以上的經營方針都是簡化成短句。

藤田先生解釋為何要將這些口號猛然刊登於前頭。

舉例為各位介紹藤田先生想傳達的本意[7]。

2015年下半年的「FRESH」，有包括並非一成不變、不普通，提供新穎又炫酷的服務及產品。

2016年上半年的「NEXT　LEVEL」，由於公司逐漸走向大規模，為了提升全體員工的素質水準，有傳達想達成符合本公司規模的「企業格調」。

２０１６年下半年的「低姿態」，因為成立網路電視台（Abema TV），與藝人之間的往來也增多，這口號有規勸因此感到忘形得意的員工的意思。

完全不同語感的三個口號在一年半的時間內作出宣言。仔細瞧瞧，以「FRESH」及「NEXT LEVEL」積極地推動著，再用「低姿態」勒住韁繩。軟硬兼施，為了將董事長的訊息好好地傳達給員工，下了一番功夫。

以董事長揭示口號，直接傳達給員工的方法，如何反映於該公司的業績上呢？自２０１３年起僅僅五年的時間，合併營業額從１６２５億日圓到３７１４日圓，整整成長２．３倍。

在載浮載沉、起起落落的ＩＴ業界當中，Cyber Agent的業績一直表現亮眼，藤田先生活用口號，在大多數員工都會參與的員工大會中，種下打開開關的因子

7　參考：日本經濟新聞電子版２０１５年10月14日、２０１６年5月25日發布

在「共有」會議中，容易淪為只是定期反覆的例行會議。這種會議會讓參加者進入狀態，火力全開，全力以赴嗎？

這取決於主席的能力。您是否也付出**勞力和努力，致力於語言簡短化呢**？

請在**事前以簡短**且直率的語言會議的目的吧！讓會議**目標加以明確化**吧！

■對策③目的的設定　彙整

【開始三十秒內宣示目的】

會議開始的三十秒內，宣示目的。（如果什麼完成的話就結束會議）

■主席於會議開頭的三十秒的發言

不良例：不決定會議目標的會議	良例：決定會議目標的會議
那麼現在開始進行一小時的會議。今天的議題是OOOO。	這個會議，如果議題進行至OO的話就會結束。最長為一小時，如果OO的話，會立刻結束，請大家多多配合。

【以簡短的用語打開開關】

在設定目的困難的「共有」會議中，將想傳達的訊息摘要成十三個字以內，在開頭時猛然提起。之後再進行詳細的說明。

■開頭→詳細的展開範例

時機	內容	CyberAgent
開頭	十三個字的訊息	（2016年下半年目標以一句話表示）「低姿態」
其後	背景 目標 詳情等	成立網路電示台（AbemaTV），與藝人的交流也增加。不過，不能忘形得意。 必須一直保持「低姿態」及謙虛行事。

像鳥兒的全面性觀點，寫下「腳本」

會議就是有「腳本」的連續劇

評論職棒的人曾說：

「棒球是一個沒有大綱（腳本）的連續劇」。

其實這是一派胡言。一定有腳本存在。

的確不到最後不知誰是勝利的一方。

只是在每年季度中，沒有教練不寫腳本的吧！

教練一定會參考選手的特性、敵方的戰力、目前的名次，而寫下大致的「腳本」。若有突然意想不到的發展，有可能無法按照腳本安排進行，但教練一定會事前先寫好腳本。

那麼若是會議的情況會是如何呢？

沒有腳本的會議，就像白球不斷地轉向，以慣性進行罷了。

接下來為本書的問題點之一「又冗長又淺薄，令人消化不良的會議」

在此想詢問讀者一件事。

是否有寫過會議的「腳本」呢？

設想要用什麼樣的梗來鋪陳，要怎麼收尾呢？

對於不知運作順利否的會議，腳本當然是必要的。

為什麼腳本是有必要的呢，因為**流程的修正**是有效的。

如果沒有設想的腳本，會議沒完沒了拖拖拉拉、相互對立，無法回到主軸上。

如果是棒球的話，每季的初盤、中盤及後盤都各有腳本的書寫方式。如果是足球的話，比賽的前半段和後半段也有不同腳本的寫法。

重點是寫下「大綱」。

三種腳本「大綱」寫法

在開會之前，請先將腳本的大綱寫下，且儘可能寫下三個版本。不用寫得多慎重其事，反正也不會如腳本一樣行進。只是這樣**書寫「大綱」的動作**是很重要的。

三個腳本的書寫順序如下。

首先，寫下**「理想的腳本（A案）」**，限定時間內取得與會者同意並接納。

其次，寫下**「最糟的劇本（B案）」**，人若將最糟狀況寫下，今後就可能進行修正和改善。會議時間過了一半，如果「最糟的劇本（B案）」突然發生，主席進行改善和修正即可。

最後**「中間的腳本（C案）」**就現實上來看，大多數的議決會議都落在此。

■三套腳本的書寫順序

順序	腳本
1	理想的腳本（A案）：最佳定案
2	最差的腳本（B案）：期限已過仍沒有任何進度的最差定案。
3	中間的腳本（C案）：居於「理想」與「最差」之間的定案

主席應書寫下三套腳本大綱，隨時間的經過，會落在「理想」、「最差」、「中間」哪一個，必須經由**「小鳥般全面通盤性的視角」**來處理會議。

那是因為多半的會議參加者都沒有腳本，以**「蟲子短淺的眼光」**來參加會議。

在書寫腳本時，必須意識到以下四個制約限制。

・議題　在討論什麼呢？
・**時間　要投入多少時間呢？**　←**重要**
・**參加者　參加者的意識和知識有多少呢？**　←**重要**
・場所　本會議室中，會議將舉行到幾點，會做什麼事呢？

特別重要的是**「時間」**與**「參加者」**的制約，例如，以下情況：

■三套腳本的活用例

順序	腳本
1	理想的腳本（A案）： 一小時以內，經過「共有問題」，至「解決對策」為止。
2	最差的腳本（B案）：就算花一小時，也不到於到「共有問題」。
3	中間的腳本（C案）：居於「理想」與「最差」之間的定案

若有問題時，應採取「解決對策」。此時，經過「問題共有」後，不得不提出解決對策。時間只有**一小時**。

身為主席，應快速地在一小時內，以「問題共有」方式開始，到「解決對策」結尾為止。

不過，考量到與會者對於工作的知識、發言量有所分歧時，一小時可能還無法作出結論。

若是如此，關於該會議的腳本，我彙整如上。

若是理想的腳本（A案）的話，會議就可大功告成。

若是最差的腳本（B案）的話，尚須開二次會。

若是中間的腳本（C案）的話，還有一次就能完成。
哪一個都是在一開始時看似只要有腳本就能作修正的步驟。

「一秒之差」須費時三週的會議

本篇為您介紹，沒有腳本時，「又冗長又淺薄的會議」的失敗例子。
該會議的參加者不是無能的商務人士，為日本財政界的首席操作者。
2017年政府提出過「勞動方式的改革」。之前在「勞動方式改革實現會議」上，日本經濟團體協會（經團協）與日本勞動公會總協會（工會），都是針對議題進行冗長的討論[8]。

經團協為企業的代表，而工會為勞動者的代表。兩者有明顯的對立關係。
主題為「長時間勞動」的改正
兩者皆是對於針對長時間勞動提出討論，而經團協（企業方）和工會（勞動者方）的意見也會對立。

他們花最長的時間議論，也只不過「一秒」而已。

聚焦的是，如果有一個月加班時間的上限限制，將如何是好呢？

經團協主張「一百小時以下」，而工會主張「未滿一百小時（99小時59分59秒）」。

光是針對「一秒的差別」的表現方式的攻防也相當精彩。

這個「一秒的差別」上所花費的時間，約有多少呢？

是一小時？六小時？還是三天呢？

不，花了三週，而且仍未作定案，已經過三週。

從2017年2月下旬起花了三週時間，結論既不是「一百小時以下」（經團協主張），也不是「未滿一百小時」（工會主張）。結論是「以一百小時為基準」這樣曖昧不明的勞資同意書，由安倍首相提出。

8 參考：日本經濟新聞早報2017年4月2日早報

對主張「勞動改革」至２０１７年3月底之前不得不作出結論的安倍首相來說，曖昧不明的勞資同意書，非出他所願。

設定更為明確基準的安倍首相，在勉勉強強趕上的時間點上作了什麼呢？他自行向兩方會長通告「希望能未滿一百小時」相互妥協，總算在三月末彙整了實行計畫。

會長自己參與事態的善後，可說是有理由的。

對於受到世間矚目的改革，不想以曖昧的結論延長到新的年度。直到新年度為止須推出新的方向性。

腳本大綱書寫的必要性

首相介入後，終於在三週內爭論結束，以一個月的加班時間上限規定為「未滿一百小時」為定案。

那麼這個會議的當事方「經團協」和「工會」，以及「安倍首相」也有腳本吧！

在限制時間內定案的安倍首相，也像是持有腳本。

然而由我來看，不得不說三方都是**無腳本**。

這也是「長時間勞動的改正」會議的一個大「漏洞」。

還有另一個必須討論的議題。

這是關於休假日勞動的「年度加班上限為720小時中包括休假日勞動嗎？」，這個議題尚未被議論。

假日勞動如果沒有包含在年度加班上限的720小時當中，即使設定平日加班上限，不良影響的後果也會引響到假日上。

就公司而言是「讓勞動者假日工作」，就勞動者而言「假日還要工作」是有可能的。這其中也會產生「漏洞」。

■長時間勞動的議題應寫下的三套腳本

順序	2017年3月底為止前應決定腳本
1	理想的腳本（A案）：一個月上限同意（〇），假日勞動同意（〇）
2	最差的腳本（B案）：一個月上限決裂（×），假日勞動決裂（×）
3	中間的腳本（C案）：一個月上限同意（〇），假日勞動決裂（×）

原本「勞動方式的改革」的本質在於「長時間勞動的改正」，與其進行「一秒之差」的議論，正因為是「假日勞動」，也有本質性的**「主幹」**課題。

然而，「一秒之差」的**「枝節」**的議論上，占了不少時間，以致超時。

請參見上表。

對於本會議負有責任的主席，設想對立的二方，應該寫下這三套腳本吧！

在快要到期限之前，安倍首相介入，避開最差的腳本。不過，這並不是理想的腳本。

結果是中間的腳本。

經團協和工會只花三週的「一秒之差」的議論，由安倍首相一聲令下就定案。但是未深入到假日勞動的議題上。

事前若能書寫腳本的「大綱」，應該能進行流程的修正。
因為已超時，仍在中間腳本，可知日本政治圈和財務界的首長經營者聚集的會議中，沒有書寫三套腳本的「大綱」。

本書中對於商務人士也介紹高生產力的「會議術」。
但在每日會議中，當時間結束時，議論未有定案是常有的事。
那是起因於，負責劃分會議的主席事前，並未考量到「妥協點」為何。

會議必定有限制時間。若能沒有腳本地進行，可能在限制時間以內，結論未能定案。
為了能在限制時間內修正流程，請以**「小鳥般全面通盤性的目光」**書寫腳本「大綱」吧！

會議的進行需要將計畫「大張旗鼓」後再「完美結尾」

書寫腳本的大綱後，開始舉行會議。

會議是包括與會者在內的舞台，是否能按照腳本演出呢，這無法確定。

也許會演變成「最差的腳本」，姑且目標放在「理想的腳本」上。

此處重要的是如何行進。

這就叫作**引導能力**。

引導能力有如此深遠的影響，其奧義在於「計劃內容」

也就是如何**「大張旗鼓」**，以及應如何**「完美結尾」**。

設定會議時間後，可大致分為**「前半段」**與**「後半段」**。

若是一小時的會議，剛開始的三十分鐘稱作「前半段」，剩下的三十分鐘稱為「後半段」。「前半段」就是「大張旗鼓」，也就是不管如何，先儘量大肆宣揚再說。

也就是創意點子的延伸，意見的展開等，會漸漸提出意見的時間。

在此階段中，請勿作出否定或刪減。在白板上寫下大家的意見，更能促進踴躍發言。

過不久後，就能收集來自眾人的意見，有各種各樣的計畫。

是的，這樣就很好了。

再進入下個階段。

在後半段當中，須將「計畫包」完美作出結論。（完美結尾）

針對「大張旗鼓」的計畫，集結眾人的意見，不過光是這樣無法收尾。

此時，應配合現實的基礎篩選範圍。

在此出實際上否定的意見，然後加以縮小範圍。

■會議進行步驟例

議題	前半段（大張旗鼓）	後半段（完美收尾）
議題1：資訊的共有	①提出將形成問題點的資訊和主因 →	②從多個問題資訊，篩選出一個主因
議題2：立定解決對策	③針對篩選過後的主因，提出解決對策 ←	④從多個解決對策中，縮小範圍選出符合現實的解決對策 →

前面介紹的是議題只有一個時的對應方式，那麼，當議題有二個時，「大張旗鼓」和「完美收尾」要如何進行呢？

舉例而言，在一小時內，討論「資訊的共有」與「解決對策立案」的二個議題（論點）時，要如何進行呢？

〔議題1〕目前的問題主因為何？（資訊共有）
〔議題2〕其主因要如何解決呢？（解決對策設定）

進行方才所述的**「大張旗鼓」和「完美收尾」**的二個議題時，請參考上表的四個步驟（①→②→③→④的順序）來進行。

能否在一小時以內進行有效的分對，全看主席的能力來決定。

會議行進當中，應一邊意識到將「計畫包」**「大張旗鼓」**和**「完美收尾」**。

這是題外話，成立犯罪案件的檢察官當中有被尊稱為精英檢察官集團之東京地方檢察特搜部，也會使用「計畫包」。

將形成依據的龐大資料放進「計畫包A」中，然後斟酌應運送至法院的部分應有多少，挑選出來變成「計畫包B」。

這種計畫包並不限制固定容量。

就像特搜部靈活運用「計畫包」一樣，我們也能將靈活運用「計畫包」的概念於會議的進行上。

■對策④腳本　彙整

【書寫腳本的大綱】
書寫的理想的腳本大綱、最差的腳本大綱及居中的腳本大綱

■三個腳本的書寫順序

順序	腳本
1	理想的腳本（A案）：最佳完結
2	最差的腳本（B案）：時間到了什麼進度也沒有最差的完結
3	中間的腳本（C案）：界於「理想」和「最差」之間的完結

【在會議進行中意識計畫包，大張旗鼓地收集意見後完美收尾】
將會議時間區分為「前半段」與「後半段」
前半段，重視「大張旗鼓地收集意見」時間
後半段：進行取捨選擇的「完美結尾」時間

■前半段「大張旗鼓」，後半段「完美收尾」

前半段「大張旗鼓地收集意見」	後半段「完美結尾」
找出問題點相關資訊和主因	自多個問題資訊中篩選出主因

會議的前半段

Never Say No！（請勿否定！）

首先，先炒熱氣氛吧！

會議即將開始。如前所述，會議可分為「前半段」和「後半段」。「前半段」在會場中計畫包大張旗鼓地大肆宣揚。也就是說，製造踴躍發言的「場面」。

因此，必須作的事，在探討技術面之前，最主要是先調整**「氣氛」**。踴躍發言也很好。換而言之就是想要發言的**「氛圍」**、**「情緒」**。

雖想炒熱「氛圍」，但這裡有個很大的問題。

在會議時一般來說不會有**「熱情」**。沒有「熱情」，就無法製造人人都可發言的氣氛。

若是「熱鬧和愉悅」的婚禮會場，氣氛也會變得高漲、沸沸揚揚。在「冷漠和悲傷」氣氛包圍的葬禮上，也只能沈默以對。都是因為受到「氛圍」的影響。

大多數的會議會場上沒有被「炒熱」的氛圍。如演場會的會場一樣，幾乎沒有從一開始就以白熱化氣氛開端的。一般是從冷冷的沒有熱度的僵硬氣氛開始。

特別是週一一大早的會議等，只要對不是極端晨型和強烈意識的人們來說，都是最差的「心情」，人人揉著眼睛，打著哈欠。

若是傍晚的會議，一天工作下來囤積的疲勞，有些人會發出「還要開會好麻煩」的氛圍。

這時主席有應該作的事情。

就是**炒熱氣氛**。

首先，先由主席自身做起。然後，再影響周遭與會者。

我在一年當中在這樣的場合中擔任過數百次炒熱氣氛者。

培訓講座最初，特別是早上總是在很生硬的氣氛中開始。

請參加者進行分組，在公開培訓的場合中，旁邊坐的多是素未謀面的商務人士。每次氣氛都像結冰一樣僵硬。

為了緩頰這樣的氣氛，我被要求在短時間內，讓各個參加者建立身為其中一員的意識，**炒熱氣氛**。

歷經形形色色的經驗，我在此歸納出可以讓結冰的氣氛在瞬間溶化，馬上炒熱氣氛的四個訣竅，為您介紹如下：

四個訣竅如下所示：

「化解冷場」

「Never Say No！」

「一齊發言」

「可視化」

首先，為您介紹「化解冷場」吧！

化解冷場就是打破僵硬氣氛

將結凍氣氛化解掉的英文稱為「Icebreak 破冰」。

我持有數十種的化解冷場的手法，最簡單的是以有趣和滑稽的方式，決定發言的順序。

例如，在四人桌上進行自我介紹時。這時，我說「以某個條件來決定順序」，這是相當簡單的技巧。

化解冷場例①

講師：「那麼，現在請大家在各分組之間進行自我介紹。順序由我來決定。請大家好好看看組員的臉」

…………（五秒）

稍停片刻後，作出以下要求。

「從『**眉毛的最粗的人**』開始，按順時針方向發表吧！」

這時一定會「噗哧」一下，讓僵硬氣氛瞬間緩和下來。

以下稍微介紹類似的方法。

化解冷場例②：出生地順序

講師：「那麼從出生地**最北邊的人起**，按順序作自我介紹吧！」

於是，參加者就會開始告知自己出生地「我從北海道來，最先開始嗎？」、「我在沖繩出生，最後講吧？」等。

打破僵局 化解冷場例③：個人的分享

講師：「在自我介紹時，不要說到工作的事情，分享一件最近令你感到愉快的事情」

大概像「興趣是高爾夫」、「小孩的年齡相近」等話題容易打開話匣子。

這些都是初次見面時的化解冷場方式，只要是相同公司，也可以採用公司相關事項作為猜謎材料。

當氣氛變得柔和後，接下來主要就是設法讓大家參與會議討論。無論如何，避免有「不發言」、「打瞌睡」等狀況發生，讓大家都能參與會議的討論。

這時，能發揮作用的就是職務分工。

除了管理層以外，記時員、文書記錄者與會議記錄者等的「職務」也得作分工。就應用技能而言，也有分工成負責多次發言者、負責表示正反對意見者等。

一旦分派職務後，效果就會很快地出來。他們在會議中不會偷偷打瞌睡，而且也會帶動炒熱氣氛。

——記時員每十分鐘通知經過時間。

——文書記錄者在白板上寫下流程內容。

像如此，每位參加者都稍微變得積極主動一些。當在會議這個「舞台」上

「演出者」越來越多時，這也是熱度提升的秘訣。

會議就是在相同時間和相同空間內，參加者看著其他參加者的場合。因此，只要賦予職務，分配到職務的負責者，就能確實熟練地處理工作。

主席並不孤獨，**只要一開始招攬數位同伴**，就能輕鬆地炒熱氣氛。

像如此的「事前協調」，不必花費過多的勞力。

不過，效果非常大。

當氣氛變熱絡時，為了增加發言量，可以再使用下個訣竅。

Never Say No！（請勿否定）

會議的優點之一就是，可以持有多樣化觀點。

不過，這也造成兩者同時對立。

當裁決者和委託者等等持有多樣立場的人聚集在一起時，意見也容易對立。所以要達成協議也變得困難，到哪都可能發生「Ｎｏ」等的否定的要素。

當然，頗能夠理解。然而，這種「Ｎｏ」於會議後半段「將計畫包完美收尾」為止需花不少時間。而會議前半段的「計畫包的大張旗鼓」階段中說**Ｎｏ是禁語**。絕對不能這樣說。

這個相當困難。

「計畫包的大張旗鼓」的前半段中，超出常軌的意見受到熱烈歡迎，但即使揭示**「Never Say No」（請勿否定）**，也會有人還是說出Ｎｏ。

「這種方法不夠現實」

「是誰要做的？真的能成功嗎？」

「經費從哪來呢？」

「不能負起責任嗎？」

「我不喜歡」

「那個人不認可呢！」

您看，這令人感到困擾吧！而且，對於傷腦筋議題上有影響力的年長者，更容易表達出以上這些意見來。

為了回避這樣的反對意見，應在白板上書寫上**「嚴禁最初三十分鐘內，提出否定意見」**，確認全員達成一致的規則。

之後，應了解腦力激盪時的「三大規則」時，貫徹相當地重要。接下來為您介紹「三大規則」。

「腦力激盪的規則1」不否定

除了殺人、強盜等觸犯法律之事以外，不說「Ｎｏ」。然後，凡事發言都應轉換成正向的態度。

「我想做〇〇〇」

「○○完成的話就真是太好了，好棒」

一般來說，講這些話在職場上可能會被責罵，因此，在職場上不會產生獨特的發想。

另一方面，正向語言的能量很強大。

全部都以肯定的態度來發言。

「腦力激盪的規則2」暢所欲言

重要的是，發言的「量」大於「質」。

與其份量重的敏銳發言，不如輕量的一百個意見來得好。

「腦力激盪的規則3」聽信對方

新的創意點子能作有效的結合才能加以擴大。因此，對於他人提出的意見積極地接納。對於他人的意見，應像社群網路一樣，可連續按讚表達共鳴。

因此，如果還有其他意見要請對方聽取，對方也不會感到不快。

不在意臉色，一齊發言

炒熱氣氛的會議前半段中，會有潑冷水的人存在。

・**不作發言的人**

・**應聲蟲**

「不作發言的人」讓氣氛冷卻，以事不關己自居。

「應聲蟲」隱身於影響力大人物的庇蔭之下，不表達自己的意見。

像如此的人物，都必須全部離場，換成可以表達自己意見的核心發言者。

在此，為您介紹解決此問題，能夠達成一齊發言的**魔法規則**。

是高額的AI（人工智慧）工具嗎？

不，使用數百日圓的**便利貼**即可。

在便利貼上寫下意見，再一齊貼出。這時，不受任何人影響，可以表達自己的意見。

舉一個有點愚蠢的例子，假設有「玻璃要用什麼顏色？」的議題。

若有一個不得抗拒，具影響力的人物搶先說「玻璃當然是用**白色**的」，大多數的人就說「是……是啊！（汗水）」紛紛表示同意。

很難開口說「拜託，是笨蛋嗎，玻璃當然是**黑色**的啊！」

只不過，這樣不能表達自己的意見，會議被他人的意見所占據。

然而，在便利貼上一齊寫下然後貼出來「玻璃應該用白色」的佔少數，很明顯「玻璃應該用黑色」為壓倒性的大多數人的意見。

將此實現可能化的方式就是使用便利貼，並「一齊寫出」與「一齊揭示」。

由於意見加以可視化，頑固的「白色玻璃派」也能檢討自己的意見。

可視化、可秀化、可分享化

將會議擴大化，活性化的第四個訣竅就是**「可視化」**。

前述的便利貼是個強力的工具。意見可以被「可視化」。

會議的發言透過發言者的聲帶，可以傳達到其他參加者的耳膜裡。雖有傳達到，若發言份量越重，先前提出的意見也會被忘記。

如此一來，好不容易有的好意見，也難有共有效果。

於此，利用人類的習性。

人們有**「用眼睛來判斷」**的習性。

將會議的流程寫在白板上。將意見貼在便利貼上。

如此一來判斷力會提升，發言也容易活性化。白板和便利貼如果沒有會議室裡沒有，用A3紙也可以。

A3紙紙比起通常在用的A4紙張還要大。
那樣的尺寸能讓創意發想也隨之無限延伸。

只是，若負責將會議分段的主席同時兼任流程執行職務和文書職務，負擔有點沈重。
因此，請事前決定的文書記錄者先寫下自己的意見，流程的執行也會更加順利。

在白板上書寫的方法有很多種，一開始潦草書寫即可。
等到較為習慣後，在**便利貼**上寫下後在白板和牆壁上貼出是最有效果的。
那是因為在便利貼上寫下的發言，可以**自由地替換**。

舉例而言，剛才提及的「玻璃應該要用什麼顏色？」這個議題的發言，不只是發言，
先在白板上寫下吧！

更甚，在便利貼上貼出發言會更好。在白板上潦草書寫時，意見不好替換新的，前後
流程的整理也不易。

由於便利貼黏貼拔除自由，可以換取意見和移動，前後流程更容易整理。

■在白板上潦草書寫時

議題：玻璃要用什麼顏色呢？

・玻璃應該用黑色

・玻璃應該用黑色

・玻璃應該用黑色

・玻璃應該用黑色

・玻璃應該用黑色

・玻璃應該用黑色

・玻璃應該用黑色

・玻璃應該用白色

・玻璃應該用黑色

・玻璃應該用黑色

意見流程不容易整理

■便利貼貼出的時候

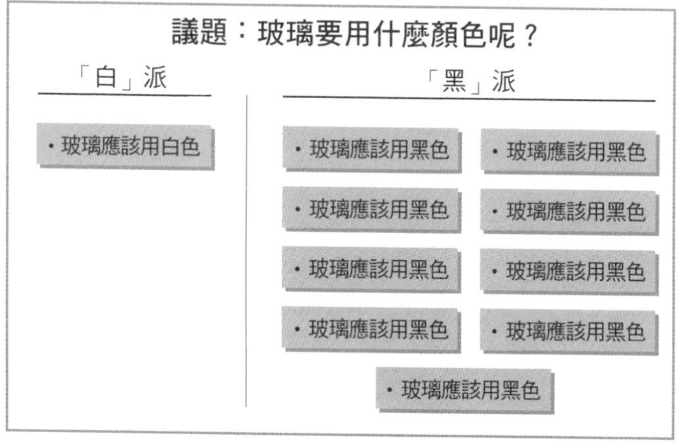

意見流程容易整理

由於可以「可視化」，若能確認會議流程，不只是發言量可以增加，也有另一個好處。

例如，偏離到**「枝節」**上的議論，很難回到原點。只不過，如果可以加以「可視化」，只要有誰發現時，就可以返回原來的**「主幹」**上。**就是「流程修正」變得容易**。

將會議的前半段的腦力激盪，和發想到想做的事和夢想，作出發言形成**「可視化」**。只要想像能夠擴大，就會產生出乎意料之外的動力。

在現代，我們利用最安全的交通工具是飛機。與汽車相比之下，事故壓倒性地少很多。

只不過在萊特兄弟發明飛機之前，那只是異想天開的一個交通工具。萊特兄弟將夢想計畫包大張旗鼓地展開，反覆鑽研要如何讓飛機不會墜落，以致今日發展至現代飛行機工學。

在最初階段，如果沒有他們「人可以在天空飛翔」如此正向地勇敢作夢，飛機也不會被發明。

其後以「飛機為會墜落的交通工具」為前提，竭盡所有努力地防止它發生，最後也無法贏得最安全的交通工具的美名。

像作夢般「人可以在天空飛翔」，在會議的前半段中，總之先炒熱氣氛，所有事物都予與肯定。

之後的後半段，「為了不要墜落，有什麼必要手段嗎？」，實事求是的精神，讓成功的準確度提升。

■對策⑤的大張旗鼓（擴散）　彙整

【化解冷場】

主席領頭炒熱氣氛

・「化解冷場」打破生硬的氣氛

・「職能分配」沿攬參加者參與

【Never Say No！】（請勿否定）

貫徹腦力激盪的「三大規則」

・不否定

・踴躍發言

・傾聽對方

【一齊發言】

使用便利貼，將意見寫下一起公開。

讓參加者成為發言的主體。

【可視化】

利用人們用眼睛判斷的習性

將會議的流程寫下：

・白板

・便利貼

・A3紙張

將寶貴的意見和創意一分為二

將深夜中寫的情書刪掉

不表示否定，重覆肯定的會議前半段。

大張旗鼓的計畫包裡有滿滿的創意想法和意見。

然而，這樣還不能將計畫包完美收尾，因為不需要的部分太多了。

就像是炒熱氣氛後，將絞盡腦汁想出的意見和想法直接潑冷水，許多很棒的意見和發言，事實上幾乎是用不到、沒有價值的。

九成的玉石摻半、雜七雜八的意見與發言，創意點子無法使用。熱烈討論下提出的想法等等，那是好久以前就有誰想過的點子。

但對於那些好不容易才絞盡腦汁想出的點子，也太過嚴厲了吧！

不過，新的解決對策、發言及想法的腦力激盪，是很不容易的。

就絞盡腦汁想出的新事物來說，最難的是藥物。您知道醫療新藥從發想到發售為止的機率嗎？竟然是2萬～3萬分之一！19999到29999件的創意不見天日。經過研究、實驗及認可到產品化為止，有可能花十年以上。須經過龐大的研究和試驗的數量，才能發明奇蹟性的新藥。

會議的前半段「大張旗鼓（延伸）」也相當地好。比起「品質」，目標放在「數量」。

只是，之後要在一堆破銅爛鐵中，必須找出「一成左右的寶石」。

我想大家都有這樣的經驗，在半夜裡，熱情地寫下的情書，也過於自我中心，清晨再重讀後，便會感到十分掃興。

就是無法送給對方的有價物。

對於新藥的開發及情書的執筆，都必須相當地冷靜且客觀地刪去多餘的雜質。

那麼，要怎麼刪減呢？有各種各樣的方法，首先是「分類」。
這裡為您介紹**「二分法」**方法與**「四分法」**的方法。

二分法

ＡＩ（人工智慧）與往昔的科技不同之處在於，ＡＩ機器能夠學習。其中之一是可以作深度學習（Deep Learning）。

例如，照片的圖像辨視精度能不斷地提升，是因為電腦以數據為基，找出具備「特徵性的數量」，提升學習力。

雖然很複雜，但該學習的根本，出乎意外地也簡單以**「區分」**方式進行。根據轉換回答「ＹＥＳ」或「ＮＯ」的問題，一邊處理大量數據，「區分」也能自動地習得，成為機器學習的基幹。

9 參考：日本經濟新聞2016年11月16日早報

■二分法

OUT（捨棄）	IN（留用）
不想做	想做
不能夠	能夠
不採行	採行
輸	贏
高成本	低成本
困難	簡單

照相的影像辨認功能的話，可以區分為「本人」或「他人」如此簡單的構造。

炒熱氣氛獲得大量主意及意見也同樣須「分類」。最簡單的是二分法。

是要選擇「ＯＵＴ（捨棄）」還是「ＩＮ（留用）」呢？簡單地一分為二就可。

此時，上表的資訊應有所助益。

運用白板和Ａ３紙張，在大家看得見的地方，進行分類。

ＯＵＴ與ＩＮ的判斷，依狀況而定，作出如下解讀區分。

「不想做⇔想做」是在**「would」**的軸上。

「不能⇔能夠」是在**「could」**的軸上。

當看到「想做」「能夠」的用語，感覺像小孩一樣的判斷，不過對想法和意見的區別很有幫助。

例如，剛起業不久的小規模新公司，應以**「would」（不想做⇔想做）**軸作為優先考量。合資企業為了跨越各種困難，形成「想做」這樣強烈的動力欲望，後座力驚人。

另一方面，在中型企業或大型企業中的商務人士就是位於**「could」（不能⇔能夠）**的軸上，這是不可或缺的。為了活用公司的人材、物資和金錢，必須先取得批准。因此，為何會**「能夠」**，應以現實觀點作為檢討。

■Would和Could相交矩陣

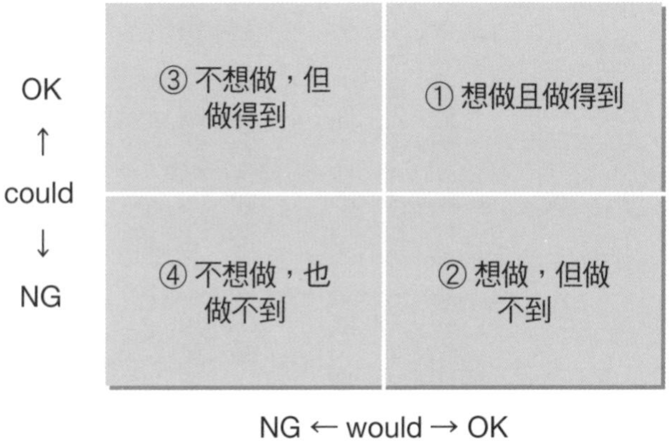

could \ would	NG	OK
OK	③ 不想做，但做得到	① 想做且做得到
NG	④ 不想做，也做不到	② 想做，但做不到

OK ↑ could ↓ NG

NG ← would → OK

四分法

習慣二軸上作簡單區分後，若二軸相交，就會形成四象限的矩陣

例如，剛才的**would（想做⇕不想做）**、**could（不能⇕能夠）**

相交後就形成一個矩陣。

這裡的四象限有以下四種。

①想做且做得到

②想做，但做不到

③不想做，但做得到

④不想做，也做不到

當然，①「想做且做得到」可以立即著手，形成相反的極端是④「不想做，也做不到」的意見，也就是不得不割捨的部分。

②如果「想做，但做不到」的話，不得不討論目前不足的部分。

③「不想做，但做得到」則是決心和覺悟的問題。

以上任何一項，都是將「計畫包」裡裝載大量的創意想法和意見加以分類，彙整速度也會加快。

更甚，如果想區分與成果息息相關的戰略、戰術，可參考下頁的「報酬矩陣」。

這裡有四個象限如下所示。

①金融槓桿（容易實現，高效果）：金融槓桿（千斤頂）很有效果

②播種（容易實現，低效果）：播種後等待效果呈現。

③動力：（不易實現，高效果）：付出勞力，提高實現性。

④斷捨離（不易實現，低效果）：立即停止，捨棄及檢討。

■效果與實現性相交的報償矩陣

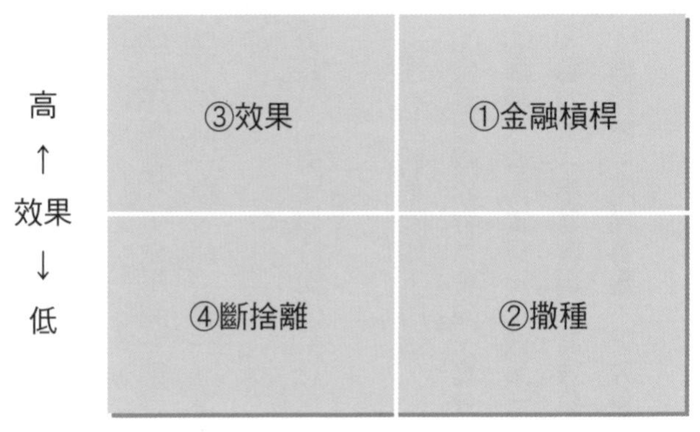

在商業上，由於要和時間限制賽跑，也常面臨須配置什麼樣的資源（人材、物資及金錢）的決斷。

以此意義來看，在報償矩陣中彙整想法和意見，首先優先選擇①金融槓桿。

「計畫包」廣集龐大意見和想法，有包括參加者深思熟慮的想法等，在縮短削減時也許會感到躊躇。將此客觀地進行分類，篩選應選擇的選項。

三分法，吸引大眾的注意力

以前曾有田中角榮這個稀少的政治家。不但促進中日兩國外交的正常化的大型外交實績，也因為洛克希德賄賂事件（Lockheed bribery scandals）而被逮捕，評價相當兩極化。他的清晰的頭腦和行動力被稱作「微電腦型推土機」，在他的東京目白的住家，會有多數的陳情者在那裡排隊。

吸引陳情者的背後理由為何呢？

田中先生對於陳情的回答，都相當明瞭易懂。

田中先生將龐大的陳情抱怨內容及委託內容，簡單加以**三分法**加以回答。

這三類就是「好！我知道了」、「那辦得到」、「那辦不到」。

「好！我知道了！」，代表這個發言，田中先生會負責任，付諸實行。

「那辦得到！」，是指現在無法立即做到，但實現可能性高。

「那辦不到！」就是明說是不可能的事。

像這樣明確劃分回答方式，陳情者也容易了解，能順利地找到接下來的解決對策。就陳情者的立場來看，「好！我知道了！」，給予他們可以實現的頭緒。而「那辦得到！」，就會期待之後可以實行。如果是「那辦不到！」的話就會放棄，改作別的陳情的決斷。

如果是回答「積極妥善處理」這樣的含糊其辭的答案，陳情者並不希望聽到。他們希望的是ＯＫ或是ＮＧ都能黑白分別，明確的回答。只果不是ＯＫ也不是ＮＧ，那應該會想知道不能ＯＫ的原因為何。

田中先生就這樣緊抓著感到迷惘的陳情者和大眾的心，那背後也是因為持有將「三分法」的計畫包加以「完美收尾」的技術。

■對策⑥〔完美收尾〕（收束）　彙整

【二分法】

分成OUT（捨棄），IN（留下）二類

OUT（捨棄）	IN（留下）
不想做	想做
不能夠	能夠
不採行	採行
輸	贏
高成本	低成本
困難	簡單

【四分法】

・二軸相交

・篩選成果相關的手段，報償矩陣效果顯著

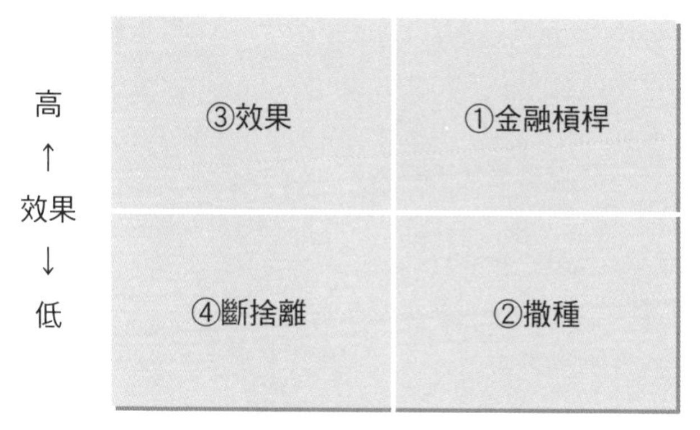

第3章

會議「後」

（零浪費會議術&基礎篇）

會議記錄
「當日分發」

改變行動只需要有決心

在開頭為各位介紹以下用語。

改變「會議」，「工作」也會有變化。
「工作」有變化，「公司」也有所變革。
「公司」有變革，「人生」也會跟著「煥然一新」。

這並非是誇張言論，是真實的。這是來自我自己的體驗，也是來自眾多參加會議術的學員的成功經驗，已屢屢得到證實。

只有一個條件。就是如果沒有這個**條件**，就不會發生變化。

這個條件就是基於會議的結果展開**「行動」**。

先為各位復習前面介紹的提升會議品質的方法。

會議「前」的階段中，為各位介紹二種彌補**「反推算力的欠缺」**。

①會議的人選

②論點（提出問題）

為了解決會議「中」**「引導力的欠缺」**問題，為您解說以下四種方法。

③目標的設定

④腳本

⑤展開（分散列出）

⑥收尾（收束）

是為了什麼而提升會議的品質呢？

為作出決策的「決定」會議。

為創生好主意的「拓展」會議

貫徹連絡的「共有」會議。

這些目的能創生會議的成果，達成**「改變行動」**的目的。

「改變行動」之事，是會議結束後最重要的工作，也是主席的責任，這項工作能否順利進行，全仰賴是否能以**一點決心**堅持下去努力達成。

不需花過多勞力，即可產生很大的差別。

為您介紹具體上會議結束時應實踐的二個重點。

花三分鐘的「儀式」達成100倍的速度！

會議結束後與會者離開會議室前，有務必實踐的事情。

就是只有花**「三分鐘的例行公事」**。

不過只要**「花三分鐘」**，為其後的行動能加速一百倍，形成致勝關鍵，會議結束後，將與會者留下來，只需花對方**三分鐘**時間。

因此，必須實踐的是**「Next Step」**。

也就是寫出次回應執行的任務。為了能讓全體會議參加者都能看得到，最好能在白板上書寫記錄下來。

此處為您彙整**三項**如下：

> **「任務」**
> **「負責者」**
> **「日期」**

例如，該會議結束後，有堆積很多工作要做。

- 為了支援自己部門，下次請負責董事參加。
- 為了達成有效目標，有必要掌握本期的預算。
- 沒有競爭資訊，沒有明確的對策。
- 原本有堆積如山的議題，會議剛結束鬆了一口氣，又必須馬上離開會議室。

尚待解決的議題，在出了會議室之後，以迅雷不及掩耳的速度忘卻掉。

因此，在此燃起一些鬥志，是否有寫下Next Step行動上就有差別，只要迅速寫下要領即可。

只要將這些寫下來，全員確認後再照相留影。

不過，真的可以**行動加速一百倍**嗎？

我前面也反覆提到，一旦離開會議室，全體參加者都會將會議內容忘得一乾二淨，因為走出會議室後又得著手忙碌自己其他的工作。就算將待回郵件擱置著不管，也有電話會打來。也有上司突如其來的指示和來自客戶的客訴須處理，也必須處理部下的失誤。

總之因為忙碌，會使會議中定案的優先處理順序往後推移。

■Next Step案例

任務	負責者	日期
①要求負責董事下次出席	・佐藤先生	・4/4（三）11點以前
②確認本次剩餘預算	・田中先生	・4/5（四）11點以前
③調查其他競爭廠商的狀況	・鈴木先生	・4/6（五）15點以前

不過，一旦決定好Next Step，就無法逃避責任。

因為眾人意見已達成一致，決定好「任務」、「負責者」、「日期」。

有寫下「負責者」的名字的人，若未在期限內完成任務的話，就會在下回的會議中感到蒙羞。這是件好事，壓力會轉化為一百倍的行動力。

若沒有寫下Next Step，一週後的會議會有很大的轉變。

在左表中，作出一週後的會議的開頭對話。

如果有寫下Next Step，就能根據上回的內容，就能有所前進。

另一方面，沒有寫下Next Step，光是想出上回內容就花盡心思，停滯原進度不前。

■Next Step不良例和良例

不良例 無 Next Step	咦！上回的會議內容是什麼呢？ 先來回顧一下上次討論內容吧！（回去看筆記） 啊，本來有請負責董事參與啊！ 咦，都沒有人前來詢問嗎？ 真是沒轍！ 下次請他來吧！ 還有本年度剩下多少預算可用？ 誰可以幫我調查呢？ 啊，沒有人在調查嗎？ 真是傷腦筋啊！那麼，今天要商討什麼呢？ 關於競爭資訊，我們來核對各自所知的資訊吧！ 那麼，先從xx先生開始吧！

良例 有 Next Step	前次會議中最後有三個定案。 第一點是拜託佐藤先生以負責董事的身分，出席會議。 第二點是請田中先生調查的本年度預算，正如事前的電子郵件中提到，為一千萬日圓。 第三項是請鈴木先生製作的競爭資訊已放置於在桌上。 鈴木先生請您說明要點。 （鈴木先生的說明） 根據鈴木先生的說明，本公司剩下預算約一千萬左右，目前可選擇的二個方案如下。 我們來決定該選擇哪一個吧！ 之後再立下行動計畫，自下週開始實行吧！

有問題的是**「時間」**。

會議是與會者聚集的重要的場所。大家相互協調，在忙碌的預定行程中抽出時間聚集在一起。

舉行前回的會議後經過一週的話，就是過了168（24小時×7日）小時。

不寫Next Step，**「一週以後什麼都沒有進展的會議」**和**寫下Next Step「一週內有所進展的會議」**之間，時間差距上，高達168倍。

不能輕視只有三分鐘的Next Step。

會議記錄務必「當日發放」

會議的會議記錄是什麼嗎？

光是只有日期、參加者和地點，不叫作會議記錄。再者，超過數十頁的會議記錄也無法發揮作用。

如果是為作決策召開的會議就是「決定」會議。需要「決定」什麼呢？
若為拓展更多創意點子的話稱作「拓展」會議。需要「展開」什麼呢？
貫徹更多交流連絡的會議稱為「共有」會議。需要「共有」什麼呢？

能將那些成果簡單明瞭地記錄下來的叫作會議記錄。
針對目的而記錄目標（成果）的才稱為會議記錄。
而且會議記錄如果沒有**在當天分發**就沒有意義。因為在踏出會議室後，與會者全員都有其他工作在等著，會議內容會逐漸被淡忘。

會議結束後才寫會議記錄的話，很容易越拖越晚。
也無法在會議翌日以後進行分發吧！
若要將會議內容轉化為行動的話，這樣是不行的。趁與會者記憶猶新時，只是用電子郵件傳遞或是用手機拍攝下來也可，請在當日發送出去。

與其重視**「用心製作」**不如**「迅速記下」**來得重要。

會議記錄有一定型態，將此制式化，作成可以簡單填寫內容的格式，將減少很多不必要的辛勞。會議記錄的必要項目有哪些？

（1）資訊：日期時間、地點及與會者
（2）目的：結束條件
（3）議題：論點及討論內容
（4）成果：已決定事項
（5）Next Step：任務、負責者及日期。

請參照下頁舉例的記錄內容。

重點在於盡量**歸納於一張紙**上，讓與會者容易閱讀，使會議記錄可以不費力地完成，也可即早發送給相關人員。

2018年4月12日發送

會議記錄

製作者　松本

1. 資訊（日期、場所、參加者）

2018年4月12日早上10:00-12:00的三樓會議室

松本（主席）、佐藤、田中、鈴木、小島、山本及齊藤七人。

2. 目的（完成條件）

現狀問題共有承擔與解決對策的制定

3. 議點（論點和發言內容）

■議題①：本部門銷售目標未能達成的原因為何？

主要歸納總結來自三項原因

・競爭項目激烈（小島先生的意見）

→有必要掌握競爭資訊

・促銷預算運用成效不彰（山本先生的意見）

→有必要有效運用本年度可使用預算

・公司內宣傳活動不充足（齊藤先生的意見）

→有必要借力於負責董事

■議題②：應採取什麼對策呢？

時間到了，下次再討論吧！

4. 成果（決定事項與未決定事項）

・議題1：現狀問題點和要因，由全員一致認定。

・議題2：解決對策可蒐集競爭資訊，帶到下次會議去。

5. Next Step（任務、負責者和日期）

任務	負責者	日期
①要求負責董事下次出席	・佐藤先生	・4/4（三）13點以前
②確認本次剩餘預算	・田中先生	・4/5（四）11點以前
③調查其他公司的狀況	・鈴木先生	・4/6（五）15點以前

會議記錄五個必要構成要素之中，最難記錄的是第三個「議題（論點和發言內容）」，要盡最大可能將與會者的發言全部記下是有困難的。

為此，為各位介紹二個訣竅吧！

第一個是會議記錄的議題至少彙整至**三點以內**。

第二個是請書記人員將發言細節及會議流程寫在白板上，再用手機拍下來，當作**附件資料附加於會議記錄最後面**。

會議記錄的作用在於之後回顧時，喚起記憶所用。

大項流程歸納於**一頁式會議記錄**。

細部環節以**白板記錄拍攝**和職務分配。

■對策⑦一頁式會議記錄　彙整

「一頁式會議記錄」

・Next Step寫下「任務」、「負責者」及「日期」三種。

・制式化規格「資訊」、「目的」、「議題」、「成果」及「Next Step」

・會議記錄於當日分發

■一頁式會議記錄範例

發布日期

會議記錄主題

製作者

1. 資訊（時日、場所、參加者）

2. 目的（完成條件）

3. 議題（論點和發言內容）

4. 成果（決定事項和未決定事項）

5. Next Step（任務、負責者和日期）

任務	負責者	日期

第4章 年代別傾向與對策（零浪費會議術・應用篇）

所謂會議
就是四個世代全部動員
的最殘酷環境

自《危險刑警》學習職場環境的變化

長期以來，一直都是**「年長上司」與「年輕部下」**如此的組合。然而，在不知不覺中，現在這樣的常識也逐漸瓦解。

發現這樣的改變的是周遭稀稀疏疏有人說到「我現在的上司比我還年經」，最令人感到驚訝的是「日經商業」2017年7月3日出刊報導[10]中看到諷刺畫。

報導中的諷刺畫，是1986年曾播放過的人氣連續劇《危險刑警》的前後對照。

1986年開始播放時，都是三十世代的兩位主角（演出者是館宏和柴田恭兵），後於三十年後2016年1月公開放映的劇場版《再會！危險刑警》[11]中，他們以白髮即將退休刑警造型出現，兩人的上司是三十年前不怎麼可靠的年輕的新進刑警（仲村徹飾）。

10 出處：《日經商業》2017年7月3日
11 參考：《再會！危險刑警》（2016年）

■日經Business第2017年7月30日期發刊報導內的插圖

當時堪稱俊美帥氣的兩位主角，即使達到初老的年歲，依舊活躍於第一線現場，監督他們的是比他們還年輕的上司。

這樣的設定，是當初三十年前播放連續劇時不會想到的上下關係。

目前在生活周遭裡即使聽到「年長部下」與「年輕上司」的比例增加時也令人感到費解。

只是從前在連續劇中看慣了上下關係，但經年累月後情勢逆轉，不得不真切地感受**環境的變化**。

終身雇用制及年功序列崩壞後，IT帶來的大規模變革，至今與三十年前的職場環境相比起來，狀態已完全不同。

因此，在職場工作的商務人士有如何的變化呢？

「年長部下」放下自尊，必須為**「年輕上司」**賣命，也許是件不容易的事。只不過，更不容易的是，須好好差使**「年長部下」**作事的**「年輕上司」**吧！感到操心和勞神的事情一定很多。

今後也會在各種職場中，創生出世代上下關係逆轉的複雜人際關係，希望本書的讀者也能克服此障礙。

因此在這裡，將本書的前半部「零浪費會議術．基礎篇」作為基底，提供「依不同年代的各種可能傾向和對策」的因應措施。

仔細想想，像大公司一樣將各年齡層聚集一堂，朝共同目的，一起作業的環境並不常見。

除了今年超過五十歲仍在職業足球界大展身手的傳奇人物三浦知良選手以外，在運動界中，對於年齡差距30歲以上的選手們，不怎麼一起比賽。一般而言在運動界中，隨著年齡的增長，表現也會日益低下，當超過一定年齡時，就不得不光榮退休。

不過在商業世界中，相差30歲以上，一起工作的很常見。隨著經驗日積月累，信用和人脈也會增加，工作的績效及成果就會提升。因為日本企業仍是遵守著到退休為止保障員工的雇用，與運動界的生態不同。

相同的戰場上，在多樣化世代可以一起工作的就是商業世界。20世代、30世代、40世代、50世代以上的四世代在同一屋簷下，每日必須見到面，分工合作。

四個世代若能和平共處，應不會像二代同堂家庭之間可能有的衝突出現。各個世代在相同時間聚集在一起是最殘酷的環境。在密閉空間內，在同樣時間內，朝著相同目的，為了提升成果而商討的場所——**「會議」**

依世代而定，價值觀、習慣、經驗也不同，必須朝著共同目標齊心協力，相互交流意見，相互碰撞和妥協。

年長者，對於年輕人的發言不多感到焦躁。
而年輕人對於年長者的僵固性思考感到火大。

只不過，像「危險刑警」一樣，時代也一直不斷地變化著。

在全球化時代中，外國人職員人數遽增，以英語開會的企業也不少。人人都必須得順應變化。

因此採取依年代分類的傾向和對策，來進行會議吧！

首先，**請讀者們先體察自己的世代，希望您能發揮自己世代的強項**。

其次，為了和其他不同世代的人們融洽相處，也須揣摩了解其他的世代，得知他們的特性，為自己帶來新的啟發。

二十世代
以提問方式發揮存在感

「二十世代的新人」與「五十世代的部長」在會議中發生激烈衝突!?

每年四月,企業裡總有畢業生新進員工來到公司。

而2018年4月有位剛好屆滿五十歲的知名前職棒選手,前讀賣巨人隊的王牌投手桑田真澄氏。

在甲子園中大展身手,身為即戰力的職業選手,從他壓倒性亮眼的表現來看,當時被稱為「新人種」,是指在一般常識中無法揣測的新人種。

另一方面現代社會中,最合乎「新人種」的關鍵字的專業職棒選手就是跳槽至大工會的大谷翔平先生吧!握有投打雙修的二刀流技能,創造絕佳的好成績,打破一直以來的常識。

這兩人從來都沒有以現役選手的身分一起比過比賽。

不過，兩人若是在相同企業上班的商務人士的話，會如何呢？

沒有一起比過賽的兩人，想像如果在商業場面中一起工作也不是多不可思議的事。

迎接五十歲的桑田先生在企業職稱裡等於部長，正值年富力強的壯年時期。也管理諸多部下吧。

另一方面，23歲的大谷氏是接近大學剛畢業新進員工的年紀。

倘若一間企業同時有這二人的存在，他們之間實力的差距也很顯而易見。

具影響力的經驗豐富的**「五十世代部長」**，和一知半解的新來者的**「二十世代新進員工」**，兩者之間在商場上一較高下時，結果會如何也是一目瞭然的吧！

這兩人尤其容易聚集在一起的時間是交換意見的會議場合。

此時，「五十世代的部長」和「二十世代的新進員工」之間也會發生認知落差。

「五十世代部長」（對新人的期望）：最希望他們在會議中多多發言
⇔衝突點
「二十世代新人」（自身）在會議中不太敢發言。

身為「五十代的部長」，期待「二十世代的新進員工」能夠提出顛覆傳統的創意及嶄新的意見，以及單純的提問。

另一方面，因為「二十世代的新進員工」，光是理解不熟悉的專門用語就感到吃力，就算想發言，只要能勉勉強強地跟上會議流程就感到偷笑了。

那麼，「二十世代新進員工」要如何跨越世代的隔閡參加會議呢？

只有「20世代新進員工」才能被原諒的「提問」

新人參加會議的秘訣如下所述。

並非「發言」，而是從具備特權性質的「提問」開始。

會議中，如果能讓該參加者發聲，作出發言是很棒的事，但對資歷尚淺的新進員工來說，老實說簡直是天方夜譚。

令人感到緊張的「發言」，在面對面時人們傾向保持緘默。

取而代之的是，只要活用被允許的**特權**，進行**「發問」**。光是如此，就可證明已充分參與會議。

這個**特權**就是，即使發出不適宜的問題也能被允許。

周遭的人們也會認為**「來我們公司畢竟時日尚淺」**、**「這小子才剛出社會嘛！」**

雖這麼說，事實上，只要具備發問能力，也會與眾不同，特別突出。

這個不同點在於能否提出讓**「五十世代的部長」也能贊許的問題**。

如果「五十世代部長」也會說**「他每次都提出好問題呢！」**、**「那個問題也讓我想了又想呢！」**這樣的感想的話，可說是相當成功。

那麼，要怎麼才能提出讓「五十世代部長」也會回應的問題呢？

在此跟您介紹二個步驟。

不錯過「步驟1」的機會，提出問題

首先，不懼怕地發問是一大前提，而重要的是時機問題。

會議因為取決於「流程」和「氣氛」會有不同呈現，必須多多斟酌。

這樣的時間點要從何時起算呢？

會議中，在各個要點告一段落時，由主席提出「最後會提出有什麼問題嗎？」來詢問大家的意見。

就是這時。

請務必不要錯過這個難得的機會。

當聽到「有人有問題嗎？」，請記住這是個**「一定要發問」**的暗示！

新人發問的好處有兩個。

益處①：（透過發問）：能提升自己的理解力
益處②：（透過發問）：能給予對方好印象

提出「疑問」是理所當然的吧！不，這不應該是理所當然的。

舉例而言，我每年舉辦包括大學的授課在內約有上百回的講座當中，總是邀請現場參與者提出問題。由該問題的數量和內涵，也能窺知參加者的理解度和關心程度。特別是對於提出好問題的參加者，也會留下強烈的好印象。

是的，「提問」也是自我宣傳的一個場合。

不過，這個法則不怎麼為年輕人所知。

例如，當對著一群面臨就職活動的大三生上課中，徵求發問時，不會有任何人舉手。對於不得不磨練自我宣傳能力的大三生來說，似乎尚未將「提出問題」深植反射神經內。

此時，我會大聲表示**「當提問暗示出現時，請務必一定要舉手。不這麼做的話，就會輸在起跑點上哦！」**這麼一來，在下次上課時，席間慢慢有一些發問出現。這種事情，出乎意外地往往沒在學生時代學過，一旦進入公司在商場上也容易輸給其他人，出現差距。

「步驟二」提出比較型的疑問

「發問」的機會終於來到面前時，請以直覺發問吧！

就算是單純的問題也無妨。

例如，常識性問題等等也比較容易切入。

哪間公司都是**「公司的知識，在世間來看並非常識」**。

「五十世代的部長」在公司待得越久，深知公司的知識但不問世事。而「二十世代的新進員工」對於公司的知識一知半解，卻對於世事相當地熟知。

根據原本**「自身的常識」**提出**「公司的知識」**的問題，正是因為是新人提出才被允許的。

例如：「為何我們公司產品的價格，不能再降低來讓更多顧客購買呢？」

■可發出的問題的公式

比較兩者	＋	WHAT（什麼） WHY（為何） HOW（怎麼做）

等等讓人猛然吃了一驚的問題。只要習慣這樣的「提問」，就能慢慢地提升問題的「內涵」。

那麼，要如何才能提升內涵呢？

請參考在第一章中為您介紹的論點（發問）的理解方式，如上圖的公式所示。

單純的問題令人感到這人真是非常地可愛，這樣的特權，保存期限只有數個月，之後就會失效。

其次是「比較兩者」，作成「什麼」、「為何」、「怎麼做」等問題吧！

・比較兩者

「五十代的部長」經常在煩惱應該要作什麼比較，大概有二項。

「理想目標」VS「現狀實績」
「有優勢性的競爭廠商」VS「位居落後的本公司」

經常必須思考的是要怎麼彌補這些差距呢？

・是什麼？為什麼？要如何呢？

WHAT（什麼）：有什麼原因呢？
WHY（為何）：為何有這樣的差別呢？
HOW（怎麼做）：要怎麼做才能彌補這樣的差距呢？

為了彌補這樣的落差的問句為WHAT（什麼）、WHY（為何）及HOW（怎麼做）等。

比較兩者後，設想「五十世代部長」的煩惱和立場。當場提出什麼、為什麼、如何才能等等的疑問。

如此一來，也能理解公司中的大問題，能讓部長贊許，也能達到自我宣傳的目的。

該我們來看看一些具體例子吧！

WHAT→WHY→HOW的運用方式

詢問方法也應該循序漸進。

WHAT（什麼）→WHY（為何）→HOW（怎麼做）的順序提出詢問，能形成接近問題本質的問題，留下好印象。

舉例而言，在業務會議中，「理想目標」與「現狀的績效」之間有差距，部長擔任主席角色，擬訂對策。然而，新進員工一無所知，光是發言也有困難。

在此時，會議的後半段中，聽到部長提出「有沒有問題，什麼都可以問哦！」

再此重申，**請千萬不要錯過這個提問機會**！
在這間不容髮的時刻，把握機會提出問題吧！

三個問題的展開例

WHAT（什麼）

「請問一下，目標和實績之間有差距，那麼最大的差距具體來說是**什麼**呢？」

→為辨認特定問題作出的疑問。

WHY（為何）

「還有，**為何**會產生極大的差距呢？可以告訴我發生的主要原因嗎？」

→探求問題原因的疑問。

HOW（如何）

「那麼，為解決這個主要原因，**要怎麼做才好呢**？可以告訴我至今曾做過的努力和今後打算怎麼做呢？今後打算做的事，如果我可以幫得上忙的話，可以讓我參與其中嗎？」

→以解決問題為目標導向的積極正向問題。

光是提出這三個提問，「五十世代的部長」可能會有**「那個新進員工，提到問題的本質，真是個積極的傢伙啊！下次把他加入專案成員之一吧！」**這樣的想法，留下好印象。

「二十世代的新進員工」是社會新鮮人，而「五十世代的部長」則是高高在上，遙不可及的人物。用棒球來作比喻，可能就像大聯盟的4號打擊手吧！

即使是這樣，也毫無畏懼果敢地投出內角直球。

所謂直球也就是相當敏銳的問題。

為對方好，也為自己好。

在職場中的新進員工，極度欠缺即戰力，儘管如此，也能為組織注入一股清流。

就好像一朵清新純潔的花朵一樣。

當新年度開始時，同仁們總算能靜下心來觀察周遭的風景，而新進員工可能會被拉去參加會議的現場。

此時請好好把握機會，積極地提問吧！

這就是邁向大放異采，大顯身手之前的第一步！

三十世代
成為（扮白臉）
魔鬼的代言人

熟知現場的三十世代

三十世代的商務人士，成為社會人士約十年左右。以官職來說就是課長到副課長左右。精力和體力充沛，工作也得心應手，被上級寄予厚望。

同時，也身為商場上眾所期待的主力打手，身為主要執行經理，應鬥志高昂地支援現場，終日度過忙碌而充實的日子。

支援商業現場這個角色上，三十世代的人們對於工作現場實況最為熟知。

畢竟不像四十世代、五十世代的人們一樣，久久罷佔著職位不放。

也不像二十世代一樣，還搞不清楚左右方向。

頭腦也較為靈活，掌握世間和市場趨勢的**敏感度**也相當高。

是的，三十世代位被夾在「公司」和「市場」、「現場」、「顧客」之間。

理解公司的戰略，對於市場和現場的流程也相當熟悉。

對於經營管理層和現場之間的差距感到煩惱，為了彌補這要的差距，得接二連三地提出解決對策，這就是三十世代的商務人士的模樣。

正因為如此，三十世代被要求提出身為管理層和工作現場之間橋樑的意見，並提出能凝聚會場專注力，**有份量且高品質的發言**。

會議中與其自己擔任主席，不如在四十代和五十代的上司所召開的會議中，正因為了解現場狀況，更被期待提出有份量的發言。

然而，實際的三十世代會怎麼樣呢？

事實上，正向的評價比較少。我經常聽到年長的管理層對於應該熟知現場，且被期待幹勁十足的三十世代，常有不少抱怨。

「年長管理職」（對三十世代的期待）：正因為熟知現場，希望能發表高品質的發言。

⇔不滿

「三十世代」：（自身）：無法進行具備影響力的高品質發言。

期待有「言之有物的發言」和現實上無法作出「言之有物的發言」之間的差距油然而生，感到不滿。

那麼，三十世代的商務人士在會議中若要進行言之有物的發言時，應要怎麼做呢？

關鍵在於變成「魔鬼」。

魔鬼的代言人

三十世代的人們請切記當個**「魔鬼的代言人吧！」**

所謂**「魔鬼的代言人」**是指Devil's Advocate這個詞翻譯而來的，是指以批判的立場述說反對意見的角色。

來設想一下實際上化身為百分百「魔鬼」的場面吧！

會議由於有時間的限制，有容易陷入贊同他人的提案，想著「這樣就好了吧」的傾向。

不過，當如此會議結束後，漫不經心的贊同，容易形成偏離本質的妥協案。不只是如何，也是主席和與會者的重大誤失。

無論如何，就是失去會議本身具備的**多樣性觀點**。

當敘述反對意見及批判性意見時，也能活化會議，讓人注意到問題的本質。這也是國會中身為「在野黨」的角色作用。

正因為身為管理層和位於現場與會者中間的三十世代的人，發言影響力也的確大。

不過，面對多數人站在不同立場，提出反對意見的就是**一人在野黨**。

這是需要勇氣的。

反對意見會擾亂會議的氣氛，也會造成樹立敵人的危機。大家不免會感到惶恐，想著「即使反對也保持沈默吧」。

當然，這樣的想法是理所當然。

因為「魔鬼的代言人」、「一人在野黨」是個兩刃劍。

由於提出反對意見，將受到肯定多樣性意見的上司的推崇。不過，若是換成想要一股勁地結束會議的上司，會對此反對意見感到厭煩。

那麼，三十世代的同伴們，該如何是好？

驅服於恐懼的自己，不再作「魔鬼的代言人」，決定沈默到底嗎？

還是勇於掙脫這樣畏畏縮縮的自己，鼓起勇氣化身為「魔鬼的代言人」提出發言呢？

我當然是建議**後者**。

希望你們能鼓起勇氣，果敢地作個**「魔鬼的代言人」**吧！

也許，您可能會想：

「不不，太恐怖了吧！」

這裡給您送上一個建議。

只要化身為**「扮白臉魔鬼」**就沒有問題。

扮白臉魔鬼的正向語言

對於三十世代，我建議應化身為「魔鬼的代言人」，勇於提出反對意見和批判性發言。

只是這樣會造成對立，會議氣氛也會變差。

只不過，這是**「扮黑臉魔鬼」**的情況。所謂「扮黑臉魔鬼」就是有以下狀態。

・負向的態度
・光是反對及批判而已，也沒提出替代方案
・對發言沒有負起責任。

那麼**「扮白臉魔鬼」**該是如何的呢？

・正向的態度
・在提出反對及批判後，提出替代方案
・對發言負起責任。

「扮黑臉魔鬼」和「扮白臉魔鬼」的共同點在於提出「反對及批判」。只是除此以外的要素完全不同。若是扮白臉魔鬼的話，會提出替代方案，對於發言負起責任。無論如何，**發言論調都是積極且有建設性的**。

那麼，要如何才能變身為**「扮白臉魔鬼」**呢？

其實就是在替代方案的最後面添加一句話即可。

先在會議上訴說批判性的意見。

即使不是刻意反對，若是三十世代更要留意批判性的發言。當然，必須平日儘可能儲備可作為批判的知識、成為依據的資訊。如果是熟知工作現場的三十世代我想應該沒有問題的。

接下來提出替代方案吧！

重點在於提出「替代方案」的後面，應加上「正向語言」這樣就沒問題。

「扮黑臉的魔鬼代言人」的反對發言，會讓會場氣氛變差的理由在於令人感到不快。因為斬釘截鐵地說出負向的內容，讓周圍印象變差。

因此，只要在最後加上**「這樣會更好」**如此正向語言，會讓會議的氣氛，瞬間柔和變得積極正向。

■扮白臉魔鬼的代言人公式

【批判性發言與替代方案】	＋	【正向語言】
不是A，選B即可。		這樣會更好。

舉例而言，當包括上司在內的數人召開商討招待廠商的會議時，有人先提出「燒肉如何呢？」，於是氣氛流向決定在燒肉店招待。

但三十世代的您很了解受招待的廠商的狀況。

你有以下關於廠商的資訊可提供：「廠商很忙碌，總是接二連三地受到招待，感到有點吃不消。而且每天要和多位部下一起召開晨訓，對燒肉的味道應該有點感冒。」

不過，正當眾人要開始決定燒肉店時，在商討時同席的上司也說，「那就燒肉嗎？」表示往這個方向前進決議。

怎麼辦呢？這樣下去就決定燒肉了嗎？不，了解對方狀態的您應該提出反對意見來推翻這個提案吧？

在這種時候不能怯場。

該是「魔鬼」登場的時候了。否定燒肉的提案吧！請用以下的方式表達：

〔扮黑臉的代言人〕

「不，我反對燒內，不但會造成廠商胃的負擔，燒烤味也會沾在身上久久難消。」

這就是**「扮黑臉魔鬼」**的發言。只是批判正要決定的結論，會令人感到不快。而且也沒有提出替代方案，要改變結論也有困難。

這時以**「扮白臉魔鬼」**的姿態登場吧！

表示否定燒肉的意見，而提出替代方案，並添加正向語言。因為了解廠商的只有自己而已。

〔扮白臉魔鬼〕

「不，我想與其燒肉，日式料理店（替代方案）如何。因為廠商最近一直在連續接受招待餐會中，如果選擇對胃來說負擔較輕的和式料理我想對方會比較開心。招待的氛氛也會更好才對（正向語言）。」

您覺得如何呢？雖然，兩者都是全盤否定「燒肉」這個提案。

但**「扮白臉魔鬼」**的發言，會讓廠商感到愉悅，聽來是一個可讓招待大功告成的積極正向提案。

只是多說一句話，給人的觀感也會截然不同吧！

四十世代
引導、再引導、不斷引導就對了！

遊刃有餘的四十世代引導會議

在盛產季節的魚油脂豐厚滑嫩，相當美味。和四十代也有相似之處。相似的可不是指皮帶下方那個圓滾滾微微突出的小腹。

因為四十世代的商業經驗豐富也有行動力，身為商場上的老手遊刃有餘，和正處於盛展季節的魚一樣，四十代人士也恰逢為身為商務人士的「精華時光」。

四十世代的特性就是部下多，比起個人更被要求的是團體的成果。

而且同世代層人口廣大，競爭對手也多。

從2018年現在，即1971年到1974年出生的第二次嬰兒潮世代都已成為四十世代。其中1973年出生的人口超越209萬人到達巔峰。

接近2017年的出生嬰兒約有94萬1000人[12]。與1973年的出生嬰兒相比起來一半以下。現在四十世代的人口眾多，分佈廣大。

12 參考：日本經濟新聞2017年12月23日早報

因此，四十世代的敵人也多，總是在過度競爭的環境裡生存。

寬鬆教育之前的填鴨式教育，從學生時代就身陷於「地獄考試」中到競爭激烈的社會。進入公司後同期的同事很多，環繞著少數的上級職位，現在也仍在生存遊戲狹縫中求生存。與同年代之間競爭熾烈，同時又處於上下層級之間當作夾心餅乾，承受多重壓力，而且與日俱增。

這樣的四十世代，夾在上層（五十世代以上）與下層（三十世代以下）之間，摩擦衝突激增。

「五十世代」（對四十世代的期待）：希望能引導團隊發揮最大力量。

⇔衝突

「四十世代」（自身）：由於競爭激烈，處於三明治夾層的心裡壓力，讓自己應該做的事也混淆不清。

⇔衝突

「三十世代」（對四十世代的期待）：再多多發揮一點領導力，希望多多帶領我們。

內外壓力同時夾攻的四十代該如何是好呢？

如前所述，比起個人績效，負起團隊績效的責任與日俱增。

在這情況下，利用「會議」來凝聚團隊合作的力量不失為一妙法。

為凝聚團隊合作力量，達成最大化利用，四十代在「會議」中應做什麼事嗎？

那就是將**領率引導會議**。

所謂**「引導」**的原文就是**「Facilitation」**。

「引導」是為了事物能順利運作而進行整理和指揮。在會議中，將誘導與會者提出意見，並加以整頓，導向至目標。

「最強會議架構」當中，如本書第二章中介紹的會議「中」的③~⑥（次頁表中粗框部分），即為會議中訴求引導技能。

四十世代在會議中大多擔任負起責任的會議主席。這時請按照③~⑥的流程，進行引導。

■「最強會議架構」對策③④⑤⑥

	對策
前	①會議的人選 ・將會議分成三階段，依各階段選定與會者 ・花15秒的時間刪去不適當的人員
	②論點（發問） ・作成問句 ・比較兩者 ・填寫數字 ・以What→Why→How方式發問
中	③目標設定 ・剛開始的三十秒進行目標宣言 ・簡潔句打開開關
	④腳本 ・書寫三種腳本大綱。 ・在會議進行中一邊意識到計畫包，加以大張旗鼓地收集意見後再完美收尾。
	⑤展開（延伸） ・化解冷場，炒熱氣氛 ・Never Say No！（絕不否定） ・一齊發言 ・可視化
	⑥收尾（結束） ・二分法 ・四分法
後	⑦一頁式會議記錄 ・花三分鐘寫出下一步 ・會議記錄在「當日分發」

出處：CRMDIRECT

接下來，為各位介紹本章的應用篇吧！

四十代所肩負的工作責任重大。且說出的話語影響力也很大。

因此，在此為各位以簡單話語介紹能夠掌控會議進行的**「魔法語言」**。

接下來要介紹的我參考《問題解決導者「引導能力」養成講座》[13]（堀公俊著）中提及過的「在培訓時引導力的作用」的圖表，增修作成會議引導所用。

依場合及狀況，有系統地為您介紹「能使用的話語」，請在實際的會議中作運用吧！

採用四十世代的用語，可實際體驗會議運作會有令人驚訝的轉變。

13 出處：《問題解決引導者「引導能力」養成講座》堀公俊（東洋經濟新報社）

徹底活用引導矩陣

首先，為各位說明左圖的引導矩陣的觀察方式。

縱軸表示會議的**進行**。由上而下表示時間的經過。**「思路拓展」↓「議論彙整」↓「（議論的）方向修正」↓「（議論的）進行修正」**一邊盯著限制時間，有必要掌握會議的議論目前行進方向。

橫軸表示**強制力**，從左到右，表示強制力越強。**「提問」↓「建議」↓「評價」↓「指示」**仰賴與會者的主體性（強制力較弱）的情況越往左側，而主席掌管狀況（強制力較強）者越往右側。

這個矩陣中有十六格，各自都有**「魔法語言」**。

■引導矩陣

較弱　強制力　較強

前半段 ↑ 行進中 ↓ 後半

	提問（a）	建議（b）	評價（c）	指示（d）
思路拓展（1）	只有這樣可以嗎？（1a）	除這以外沒有其他主因嗎？（1b）	光只有這樣不足夠吧！（1c）	除此之外的也進行討議吧！（1d）
議論整理（2）	是否已看出重點？（2a）	縮短範圍變成二個大項（2b）	必須縮短範圍變成二個大項（2c）	重點有二個（2d）
方向修正（3）	無法順利進行的原因何在？（3a）	要不要討論原因呢？（3b）	光是只有那原因不太充分（3c）	請討議根本原因（3d）
行進修正（4）	是不是都是相同的人在發言呢？（4a）	要不要聽聽不同的人的意見呢？（4b）	沒有人人都發言，代表興趣不大吧！（4c）	請全體參加者都發言。（4d）

出處：參考自堀公俊《問題解決引導者》書中的「培訓時引導力的作用」，由我增修而成。

之所以被稱作「魔法」，簡言之就是能夠瞬間將會議的風向和氣氛轉變的意思。

會議進行上，現在是「思路拓展」的時間嗎？
時間緊迫，現在是「議論彙整」的時間嗎？
還是已進入不得不進行「方向修正」和「流程修正」等焦著的狀態。
只要能釐清這些問題，遣詞用句也會不同。

此外，為了引導與會者提出意見，是否應「發問」呢？如果表現的太像「迷途羔羊」的話，必須判斷是否應下「指示」，且慎選用字遣詞將會議收尾結束。

舉出以下幾個具體例子。

活用例①：「思路拓展」的軟硬兼施的引導功力

讓我們來看看流程前半段的「思路拓展」吧！

「思路拓展」的時間充足，請儘可能以團隊主體性為主，引導出意見。在此階段中，強制力較弱為佳。也就是說「發問」是有效果的。

「有得到一些創意。**光是那樣就足夠嗎？**」（引導矩陣內1a）

另一方面，當「思路拓展」的時間已過，但議論仍處於停滯僵局時，以強制力運作較佳。也就是「指示」。

「議論過於集中於一個點上。這樣就夠了，**請討論別的事項吧！**」（同1d）。

依流程進行的狀況及會議的氣氛，能讓與會者參與其中的適當語言也有所不同。

活用例②：「議論彙整」的軟硬兼施引導力

前面討論「思路拓展」，現在進到「議論彙整」吧，這裡特別聚焦於「建議」。

因「思路拓展」而熱烈投入討論的與會者，於彙整議論時感到棘手。

不過如果擱置不管的話，會議方向也會混沌不清。

此時，只要彙整二至三個選項及要項的話，與會者就會更加容易判斷。當與會者們迷失方向時，這時要提出「建議」。

「如果將這些發言彙整起來，**不知可否縮小範圍至A和B兩項呢？**」（同2b）

將選項及重點分成「A案（意見）」和「B案（意見）」兩種，進入討論應該採用哪一個。此時，就能彙整好議論。

「引導」就是一邊考量「時間」和「氣氛」引導團隊。所以，技術既困難也有深度。為了追求精進並運用自如，只能從不斷地實踐中改善。

只要靈活運用前述為您介紹的矩陣中的十六個用語，保證您的引導技能就能更加提升，可以大幅度地擷取**捷徑（Shortcut）**。

想要在同輩中表現搶眼的四十世代的人們！

請將引導矩陣運用於會議中，凝聚團隊合作的力量。

五十世代以上由「工作人」變成「導師」

從「工作人」到「導師」

在你的公司裡五十歲以上的人有幾個人呢，不，佔多少比例呢？

五十歲以上的員工還佔公司一半以上，這樣的公司也許還不少。

然而，佔日本國內總人口中五十歲以上的比例，於2025年將**超過百分之五十**。目前五十世代的人口約有1553萬人，約占日本人口的一成左右[14]。

在「人生有一百年」的時代裡。五十歲為日本人口的中心點。今後五十歲以上的勞動人口比率仍為持續升高是顯而易見的。

另一方面，在六十歲到六十五歲之間為退休年齡的公司相當多，五十世代為能幹的工作者，迎向人生的最終決勝負之戰。

五十歲以上者的職業生涯之路可分成二大類。

14 參考：總務省（相當於內政部）2017年4月人口推算資料

朝董事及理事等管理層前進的人。
將自己的專業提升成為專家的人。
無論哪個生涯選擇，只要沒有後悔都是好的。無論頭銜再怎麼改變，兩者的共通點為，他們被視為在企業中累積人生經驗的**「年長者」**。

對於二十世代、三十世代、四十世代的煩惱的「答案」，是他們想從年長者身上學到的。
「過去的大風大浪是如何跨越克服的呢？」
「前途未明的狀況要如何生存下去？」
「目前的問題要如何解決才行呢？」
年輕世代總會找尋如上問題的答案。
這些問題的答案，五十世代以上的「年長者」知道。富有豐富經驗為「年長者」的價值。
五十世代有著二十世代及三十到四十世代的中堅分子們，即使有錢也買不到的人生經驗。

此時感到自負認為「自己還年輕，正值年富力強的時代」的五十世代以上，與週遭的人們之間會發生一些觀念的落差。

「五十世代以上」：（自身）還年輕。比年輕人還會工作
⇔觀念的落差
「二十世代～四十世代」（對於五十世代的期望）比起現場工作，更需要有價值的建議。

在現場業務當中幹勁十足，元氣滿滿的五十世代，與年輕人及中堅分子對其希望提供建議之間有觀念的落差產生。

在此想建議身為「年長者」五十世代應有的姿態。

也就是，**不再是「工作人」（Worker），而是「導師」（Teacher）**。

所謂工作人（Worker）就是接收命令執行工作的人。

而導師（Teacher）就是投出問題並傳授答案的人。

二十世代到四十世代為止，當個工作人是對的，身體勞動且經驗尚淺。不過到了五十世代，還在繼續當工作人是好事嗎？

也聽到不少人說「不！不！現在的五十世代還年輕啊！」。實際上，目前的五十世代仍健康的人很多。

不過，在「危險刑警」當中的二位主角，以及足球選手三浦知良，或是（四十世代）的跳臺滑雪比賽的葛西紀明選手也是，總有一天，會從第一線急流勇退。因為身為選手，總有一天會有表現低落的時候。

同樣地，在商界中，五十世代以上的人，若身為**工作人**的話，價值會漸漸低落。相反地，能日益提升的是身為**導師**的存在價值。

五十世代也和二十世代～四十世代的人們一起開會。

在這個場面當中，若五十世代的人們要活用豐富的人生經驗，轉型成為導師的話，要如何作才好呢？

直截了當一句話，關鍵字在此：

「古今中外」

這指的是什麼呢？我們來說明一下吧！

運用「古今中外」的知識，提出建議

您知道「古今中外」這個成語的正確意思嗎？

古今中外就是指「從古到今的所有場所，隨時隨地。『古今』為時間的推移。『中外』為空間的遼闊[15]」。

年長者在漫長人生中得到很多收穫，活了很長的時間，而且熟知中外世界的事物。

15 出處：《新明解四字熟語辭典》（三省堂）

由此意義看來，定義如此對年者長所求的「知識」。

古今：現在與過去的歷史知識（縱向知識）
中外：世間和其他公司的知識（橫向知識）

二十世代到四十世代抱持的問題當中，是至今誰都沒有經驗過，可能是極有份量的內容。當被迫作出困難的判斷時，總是無法下定決心。

這時「年長者」的「古今中外」淵博知識能派上用場。

使用以下的公式，作出建議。

古今中外的建議公式

古今中外的知識

「古今（現在與過去）的知識」「中外（社會與其他公司）的知識」

＋

建議

做〇〇如何呢？

這個公式在會議中提出建議時也能靈活運用，且可以應用於各種狀況。

例如，官方的場合裡，也可使用在「致詞」上。

前幾天，山梨縣甲府市舉行以代書為對象實施的講座。我有出一本靈活運用語言的文案相關書籍，[16]舉辦宣傳及文案書寫的二日講座。

在該講座的最後，有位年長的老師前來致詞。這位老師是以出身山梨縣感到自豪的在地人，他以山梨縣當地美味的葡萄酒，無法好好的宣傳之類等自嘲式的話題，作為致詞開頭。內容相當精彩。

16　參考：《最強文案聖經》橫田伊佐男（DIAMOND社）

「我們山梨縣人很不擅長於宣傳，但從前不同。說到山梨縣，在古代稱作甲斐國。說到甲斐國就想到一個歷史人物武田信玄。說到武田信玄，以最強的軍事集團聞名。不過，實際上，是個資源稀少的小國軍團。雖如此，他們還是得到最強的稱號，事實上是因為他們很擅長於宣傳。『我們強壯如城池、石牆、護城河，我們站在仁慈的一方，仇恨是我們的敵人。』這句話，在當地盛傳。再以這句話：『如果那個封地受到威脅，要不要和我們連手迎擊』，有技巧地向鄰近國釋出善意，這樣見機行事的宣傳手法相當高竿。」

「而這二天的文案講座正是和這戰略相同，大家如果可以好好認真學習這個講座，讓我們這些不擅長於宣傳和文案的代書們，也能習得這樣的宣傳功力。然後，也可以帶給客戶更優質的服務，讓不為人知的服務可以廣為人知。現在正是代書應發揮溝通能力的時候！」

代書們的老師致詞

這樣的內容套進公式裡如以下所示。

古今中外的知識

「古今（現在與過去）的知識」：現在（山梨縣）的宣傳方式很不吸引人，過去（甲斐國）的宣傳方式很出色。↓人們忘卻昔日「宣傳及文案」的實力。

「中外（社會及其他公司）的知識」：代書很不擅於宣傳。武田信玄最擅長於宣傳戰略↓一旦運用宣傳戰略，也可以宣傳代書的工作。

＋

致詞

所以，我們代書要更強化宣傳能力！

將這個致詞作簡短摘要如下「靈活運用今日的講座，強化宣傳和文宣吧！」

其中有深奧涵義的是，年長者的「古今（現在與過去的歷史性知識）」和「中外（社會與其他公司的知識）」雙重合一，更具說服力。

從前沒有的決斷。這時輪到五十世代出場！

隨著少子高齡化、AI（人工智慧）的抬頭、EV（電動車）的普及化，今後，這世上還會有什麼變化產生呢？

商務人士也必須預測未來，作出決斷。

這時就是五十世代出場的時候了！

2001年，我仍是上班族時代時，曾面臨一個狀況。

當時在外商金融公司，大來國際信用卡公司擔任行銷部主任。這是我三十世代前半段的事。

大來國際的信用卡上是國內第一家信用卡公司，象徵身份地位的信用卡的入會標準相當嚴格而聞名。當時只發行一種銀卡，金卡等其他貴賓卡還沒有發行。

後來公司內部擬定發行頂級黑卡的提案。
對於該提案的贊成與否，公司裡面意見分歧，一分為二。

贊成派：推陳出新多多益善。
反對派：只要推出頂級卡，使目前的信用卡地位降低，容易流失顧客。

先說結果，頂級卡的黑卡「大來無限卡」領先業界推出。
在那之前最高級的卡是白金卡及金卡，目前，信用卡公司的頂級卡是黑卡，也是因為從前大來勇於迎向挑戰，成為開路先鋒而來的輝煌成果。
只是，要作出史無前例的決斷時，誰都會感到躊躇猶豫，也需要時間考慮。
這種時候，如果是五十世代的人應該作怎樣的建議呢？

事實上，當時沒有機會取得五十世代的建議。我是憑空想像理想上五十世代應該有的建議。

「大來信用卡是國內第一家的信用卡公司發行的信用卡。其後，也接二連三地發出業界首推的服務項目。目前業績表現落後於比其他銀行。我們應該再一次回到衝陣先鋒的角色吧！梅賽德斯．賓士也是同時發行中等價位的A等級和高價位的S等級的車種，品牌價值並不會被破壞。以此為根據，我建議應發行黑卡。」

五十世代應有的建議

古今中外的知識

「古今（現在和過去）」：過去曾接二連三地推出業界首推的新企劃方案。現在缺乏新企劃案，目前處於落後於人的被動狀態。

「中外（社會及其他公司）」：高級轎車梅賽德斯．賓士也有分A等級到S等級提供廣泛價位選擇，也保持品牌尊貴形象→廉價和高價品牌併存的可能性。

＋

建議

（所以）應該發行頂級黑卡。

如此的建議，與其是還在流著鼻涕的二十世代～三十世代的小子，還是由人生閱歷豐富的五十世代來提出較為妥當，應該會成為有份量的建言。

精通於「古今中外」識士的發言，有著妙不可言的說服力。

■年代別傾向與對策　彙整

【二十世代的傾向和對策】

（傾向）在會議上總是不敢發言

（對策）提出問題

——不錯過機會，勇於發問

——作比較後提出問題

【三十世代的傾向與對策】

（傾向）無法作出具備影響力且高品質的發言

（對策）成為扮白臉魔鬼的代言人

——批判性發言與代替方案

——正向思考表達

【四十世代的傾向與對策】

（傾向）競爭和當三明治世代的壓力，會讓人不知所措

（對策）引導矩陣的活用

——思路拓展–議論彙整–方向修正–行進修正

——發問–建議–評價–指示

【五十世代的傾向與對策】

（傾向）無法作出有價值的發言

（對策）引用古今中外的例子作出建議

——古今（過去和現在）的知識

——中外（社會與其他公司）的知識

第 5 章

上級管理層者的技術

（零浪費會議術&應用篇）

目的優先，
其次是會議場所。

高峰會在水邊附近舉辦的原因

在前面各章節中，我們學到很多會議的技能。而發揮這技能的舞台在於「會議室」

如果沒有場所，該怎麼辦呢？如果在某會議室感到空間狹小呢

而會議的內容其實多半取決於「會議室」。

也許以下的機會並不常見，但請各位發揮想像力一下。

假設您被托負選定在我國召開的高峰會（領袖會議）的會場地點，您會選擇哪裡呢？

高峰會是由參加各國輪流擔任主場國，肩負著國家的威望來選擇會場。

可以列舉會場場地的飯店等，有很多種方法吧！

首先不得不優先考量的是，訂定**「目的」**篩選會場。

高峰會的場合，最首要的就是「安全」問題。應優先選擇可以保護各國元首的，警備森嚴的環境。

其次為關於會議的議題的相關性也必須考量在內。

如果環境問題是主要議題的話，與其選擇在雜亂無章的市中心，不如選擇空氣清淨的郊區與主題的融合性較高。

順帶一題請見左頁表，為2000年以後高峰會的舉行地。

如此看來可知，選擇郊區會比市中心來得多。

此外，還有另個特徵，就是會場多半選在水邊附近。

在日本國內舉行的三回合高峰會（見粗體框內），都選擇海邊、湖畔等「水邊」風光明媚的場所。

為可以一覽水邊風光無遺的場所。

這個選擇，是否有什麼「目的」在呢？

■2000年以後G8高峰會舉行地點和名稱

舉行年度	主辦國	名稱
2000年	日本	九州沖繩高峰會
2001年	義大利	熱那亞高峰會
2002年	加拿大	卡納納斯基斯高峰會
2003年	法國	埃維昂萊班高峰會
2004年	美國	海島高峰會
2005年	英國	鷹谷高峰會
2006年	俄羅斯	聖彼得堡高峰會
2007年	德國	海利根達姆高峰會
2008年	日本	洞爺湖高峰會
2009年	義大利	拉奎拉高峰會
2010年	加拿大	馬斯科卡高峰會
2011年	法國	多維勒高峰會
2012年	美國	大衛營高峰會
2013年	英國	厄恩湖高峰會
2014年	比利時	布魯塞爾高峰會
2015年	德國	埃爾毛高峰會
2016年	日本	伊勢志摩高峰會
2017年	義大利	塔奧敏納高峰會

拓展會議
重視場地氣氛

「拓展會議」選擇在水邊附近是明智的

高峰會為何要在水邊附近舉行呢？是否有什麼理由呢？

尤其是在日本舉行過的近期三回合的高峰會，全部在鄰近水邊的場所，是否有什麼理由呢？

讓我們來作個假設吧！

在水邊能帶給人們的心情平靜安詳的效果。

欣賞風光無限好的景色，會湧出意想不到的創意和發想，會議不容易停滯焦著。

是否是抱著如此期待而選擇地點的呢？

換而言之，是期待以有助於各國元首找出新的解決對策，所以才決定的場所吧！

事實上我曾有這個假設是正確的體驗。

企業於考量一年的經營戰略和為期數年的中期經營計畫，會暫停日常工作，在郊外以合宿方式舉行會議。

我接收客戶的委託，承包數日的戰略會議的引導工作。

該戰略會議已在深山區中舉辦多年。

會場本身為可專注於會議的環境，最好是密閉式空間，可以讓參加者放鬆心情，消除疲勞，創造革新性的發想。

為了解決此課題，隔年的會議會場，選定開放空間性的海邊，最後決定為離市中心約一小時臨海的會場。

從會議室可以眺望海洋，休息時感受南風吹拂的環境。

如此一來會如何呢？

那年合宿會議，有達到開放性空間的效果。可以創生前所未有，既有彈性又繁多的主意。

本書反覆闡述會議分成三類型。

・以「決策」為目的的「決定」會議
・以創意發想為目的的「拓展」會議
・貫徹連絡交流的「共有」會議

其中**「拓展會議」**最容易被**「氣氛」**左右。

氣氛的構成要素有空間、景觀及備品類。

空間當然以**寬闊**為佳。特別是大桌子比較理想。

一邊放置排放筆記、資料及電腦，作為創意、發想散布的平台，大型桌子的「工具」效果較佳。

考量可以眺望的景觀時，與其以封閉空間不如採用**開放空間**。

人們容易從視覺取得訊息，為了創造平日不易想到的創意，準備開放性的眺望景觀。

備品與其採買一張白板，不如以**整面牆壁的白板較好**。

會議是**動態進行**的。

目前在進行中的決議案，當場寫下決定事項。

因此，與其用白板，不如設置壁板，可以得到更多的情報，更可引導出更好的創意。

如果是定期會議的話，只要用平常的會議室即可。

為了要得到新的創意發想，須投資於「氣氛」上。

只要想到能夠提升創意發想的質與量，就會變成高投報率的投資。

快速的決策，立即行動

谷歌公司站著開會

我分享前天聽到訪問谷歌新加坡分公司的公司幹部分享的趣事，與日本會議有「某一點」不同。

全世界的ＩＴ企業集團，在他們辦公室全面採用整面牆的大型的白板，員工可以一邊寫創意想法，一邊進行討論。

然而，該企業幹部服務的公司，會議室的牆壁也是白板，所以不會覺得那裡很令人驚訝。

令人驚訝的是谷歌的公司員工**「依照ＴＰＯ，改變會議方式」**。

所謂ＴＰＯ就是**Time（時間）、Place（場所）、場合（Occassion）**。

原本為和式英語指的是「服裝就是依時間和場所和場合而定。」

「因應TPO改變會議的進行方式」，具體上可分為二種型態的會議方法。

・A型態

椅子和低桌子的會議室。設置視訊設備，世界各國的員工會共有參加時使用。

・B型態

沒有椅子，都是像吧台一樣的桌子的會議空間。相關人員會站著包圍桌子開會。

對於該企業幹部來說，感到有興趣的是B型態的站式空間。

觀察谷歌公司內部，幾個人聚集站著進行商討。在短時間內快速完成後就馬上解散。

對於這樣的狀態感到驚訝。

這是在日本看不太到的情況，於是就對現場的員工提出問題。

「為什麼你們要站著開會呢？」

接著，他收到對方理直氣壯似的回答。

「因為站著開會會很累吧？所以想要早點結束，大家就會集中精神，日本不會這樣做嗎？」

該幹部服務的辦公室在可一覽市中心無遺的高層大樓。

就算有好幾間會議室，公司員工也很多，總是在相互商討著。

召開會議時，透過秘書預約數日後會議室的他，對於與谷歌之間的機動性的差別令他感到錯愕，喃喃自語地說著：「之前從來沒有這樣想過……」。

依照ＴＰＯ設計會議

看了谷歌的例子，可以了解**「因應目的設計會議」**的發想。如同ＴＰＯ順應潮流一樣，會議也應依ＴＰＯ進行改變。不過並不是花耗許多成本，改造會議室。

• 只要有以下的概念就可以了。

根據Time（時間）和Occassion（場合），**Place（場地）**也會改變。

ＴＰＯ改變會議的型態

・有必要短時間內進行決定時↓**站著開會的場所**

・耗費長時間創造新企劃時↓**與日常不同的場所**

Time（時間）和Occassion（場合）為**目的性考量**。依據此，改變**手段性考量**的Place（場所）。

不需特別建造站式會議室及與日常氣氛不同的會議室，會議是可以被先行設計的。看到谷歌的會議狀態的企業幹部，趕緊回到自己公司，進行會議改革吧。

若要完全和谷歌相似，也必須改變硬體才行（會議室）。若要如此，辦公室必須展開全面施工，產生龐大的成本。

因此，他展開低成本也能進行的會議改革。

以TPO改革的會議型態：實踐篇

- 短時間內必須決定時↓（站立進行會議的地點）**利用附近咖啡店的站立式座位**
- 花長時間創造的新企劃時↓（與日常不同的場所）**可以看到海的旅館**

首先，決定**「有必要於短時間內決定時」**利用**附近咖啡店的站立空間**。

利用三十分的空隙時間，在有站立式座位的咖啡店裡，與數位部下討議。

即使是三十分鐘，一直站者也不輕鬆，會想要讓會議早點結束，平常在會議中表現消極的部下們也會積極地發言，比從前更短的時間內進行有效率的會議，決策也能即早決定。

接下來在**「花長時間創造新企劃」**時，就摒棄東京辦公室，斷然在**看得見海的旅館**中舉辦合宿會議。之前在東京召開會議時，總是欠缺嶄新的創意，只能描繪『小小的藍圖』。

所以，遠離都會的塵囂，累的時候看看海邊，準備使心情能完全煥然一新的環境，也有助成功地規劃『大規模藍圖』的戰略。

準備看得見海洋的環境時，多少要花一些成本，但與會議室的整體工程相比，既能大幅度降低成本，又能達成目的。

再者，出版本書的日經BP社也改變成為臨機應變的會議方式。該出版社也發行「日經商業週刊」等週刊雜誌。週刊雜誌的作用在將最新新聞刊載於下一期的雜誌封面。報導的即時性就是關鍵，工作的速度也令人眼花撩亂。

在其中，訪問同家出版社時，也偶然遇見他們正在舉行站立會議。「日經商業雜誌」的編輯成員都站著開會，決定什麼後就馬上散會。不過，不知他們的對話內容。

但我想可能是「川普總統的發言，最優先刊登吧！」、「那公司的報導，如果不能取得證據，就替換其他報導吧！」，因為截稿日迫在眉稍，召開迅速的「決定」會議。

與其計畫預約會議室，不如馬上聚集在一起，關於細節的決策速度也會提升。

政府著手進行的「工作改革方式」，針對現場的商務人士力求「生產力的提升」。
如果沒有改革的準備及技能的話，也會被時代淘汰。
也就是說，必需訴求場地的創意。

不知不覺中，參加會議的數目和時間相當龐大。
以此為契機，公司的會議也依ＴＰＯ進行改變吧。
光憑這樣的創意，也能改變生產力。

祕技！
先寫下會議記錄，
控制會議流程

先行書寫會議記錄

「會議記錄」通常在**會議後**記錄。

而本章為您介紹「應用篇」，為公司高層的技能。

會議最後記下的「會議記錄」，應在**一開始**時就記下。

下頁再次為各位揭示本書第三章中介紹過的會議記錄版型。

在本書第三章中，為您介紹會議記錄在**會議結束後**書寫，並在當日分發。

前述有說在**一開始**書寫，那個意圖是什麼呢？

就是**「腳本」**。

一開始設想後書寫，在自己心中寫下腳本。

再次提示會議記錄的構成五要素，只要用筆寫下即可。

■一頁式會議記錄定型例

發布日期

會議記錄主題

製作者

1.資訊（時日、場所、參加者）

2.目的（完成條件）

3.議題（論點和發言內容）

4.成果（決定事項和未決定事項）

5.Next Step（任務、負責者和日期）

任務	負責者	日期

與其在電腦裡輸字，不如在筆記本上隨意記錄，比較好想像也比較直接。在會議開始前書寫的會議記錄，不能花太多的時間。只要**花五分鐘**在筆記上迅速寫下即可。這才是真正的「腳本」。

・**資訊（日期，地點及參加者）**

參加者是誰？

參加者的狀況（忙碌或悠閒），知識（高或低）？

參加者的個性（常發言或很沈默）？

・**目的（完成條件）**

做了什麼可以達成目標，有達成共識嗎？

・**議題（論點和發言內容）**

限制時間內有幾個議題完成？

參加者可以聊多深入的話題呢？

・**成果（決定事項與未決定事項）**

可以決定什麼呢？

留下什麼未解決的嗎？

・**Next Step（任務、負責者、日期）**

分擔作業，讓誰來幫忙做

何時應該設定下回會議

像如此方式，只是事前設想，不光是變成檢視表，作成主席固定的腳本。

順帶一提，我幾乎都是**先**製作這個會議記錄，記住腳本後再開始會議。

與其說是**「先行書寫下來」**，**花五分鐘寫下**即可。

事前寫下會議記錄，議論在「枝節」上，回到「枝幹」上。
想必會有意料之外的事發生，大約保留在設想腳本的一成以內。
這樣的話，就可容易控制會議進度，形成「精簡充實的短時間會議」。

最後寫下「會議記錄」。
就當被我騙了一次，一開始就先寫寫看再說吧！
想必會令你感到驚喜，有確實能夠控制會議的實質感覺。

最後想傳達給讀者的訊息

差不多了，把會議術介紹完，這本書也要收尾了。

商務人士不能或缺的「會議」。

前面說的只是改變會議，就能改變人生，這並不浮誇。
重要的是，需要讀者們去親自實踐。

因此，將會議訣竅在**一張紙**上並加以系統化。
將這一張紙貼在桌面上，可以促進自己展開行動。
不過，事實上，只有一張紙就要求人展開行動也是有困難的。

我平日常花二天舉辦會議術研習講座。
在該講座中，讓參加者一邊意識「最強會議架構」一頁上的七個對策，一邊進行會議。

只是彙整於一張紙的架構，實際上，請參加者每個主題花一小時來進行議論，也常會超過一小時，而且會成效不彰。
也就是說，需要反覆試錯才能習得技能。

在培訓會場中，我能直接當場給參加者的建議，光只靠一本書是否就可以真的傳達至讀者心中呢？

我稍微有點擔心。

因此，最後為各位說明**主席所需具備的最重要的三大條件**。

請見下頁彙整表。

但願讀者們，能在會議現場再次展現。

如果改變會議能夠改變您的人生，我也會感到喜出望外。

到時請務必分享給我好消息。

願幸運之神常伴隨您左右！

■成為主席的三大必要條件

（1）論點明確化，不偏離主軸（會議前）

考量什麼時候的論點較為淺薄。
論點的設定儘量在短時間內，
縮小至精華範圍為重要。

（2）經常意識腳本（會議中）

限制時間內，要落實到哪裡？
議長的指揮項目之一，
要讓它在空中解體嗎，還是平安著陸呢？
是否有持有某種程度的腳本？
會議的份量，取決於會議的充實度。

（3）最後導向結論，彙整往下一階段邁進（會議後）

聚集複數以上的人，花時間面對面交流，
就耗費不少成本。
為了不要浪費這些成本，
將結論與接下來的行動區分為三段很重要。

後記

我人生中的初次會議，應該是在小學四年級的時候。

那是四年級生、五年級生及六年級生的學級委員聚集一堂所召開的聯合會議。

我當時並不是學級委員，是因為委員請病假而代理出席吧！

當時，因為六年級男生之間流行玩的足球而形成一個問題。

議題就是「課後的校園內是否該禁止踢足球呢？」，因為有抱怨指出過於熱衷於踢足球的六年級大塊頭男生，在校園內佔據過多空間，給人帶來壓迫感，踢得太遠的足球造成學校公物的損壞。

當時的六年級男生當然還是想繼續踢足球，但受到嚴懲教訓的男生們，都沒精神地低著頭不語。而禁止派女生強烈主張，當時氣氛有禁止踢足球的傾向。

最後主席問我們「四年級生有什麼意見嗎？」，我雖是年紀最小，決定要發言看看。

「那個……我覺得禁止踢足球是不合理的事情，那大家都有在玩的躲避球不是也有危險性嗎？我想應該對六年級生規範注意週遭事物等等的規則，而不是禁止。」我那時彷彿扮演魔鬼代言人一樣地發言。

因為年紀最小的支持意見，六年級男生又感到士氣振奮，然後，五年級男生也開始點頭表示同意。在一瞬間，氣氛變了，禁止踢足球這件事被否決了。

會議結束後，六年級生們拍拍我們四年級生的肩膀道謝說著「感謝你們，幫了大忙」，並稱讚我的發言。

我當時改變了會議流向和結論，被六年級生稱讚，是一場充實的會議初體驗。

之後歷經數千次、不，應該是數萬次的會議。

歷經多次失敗。

在外商公司的時候，對於滔滔不絕地說著流利英文的外國人同事，無法發言，只能抿著嘴唇開會。

也曾因為會議過於無趣，打起瞌睡，然後進入深層睡眠狀態。

不過這十數年內，因為會議帶給我很多的幫助。

一個人無法想到的觀點和視角的擴大。

周遭人們一起參與感到同心協力。

會議可以創生出多少事業來呢？

改變「會議」，「工作」也會有變化。

「工作」有變化，「公司」也有所變革。

「公司」有變革，「人生」也會跟著「煥然一新」。

我將最真實的想法透過本書傳達給讀者。

若您在**早上**閱讀完畢時，建議您可在**下午**時馬上試看看。

若花一天閱讀完畢的話，建議您可在**隔天**實踐看看。

將自己化身為引擎，讓周遭人們一起參與，從內心祈求能夠發生改變。

最後要感謝給予本書制作緣起的機會，總是活力十足的石塚健一朗先生。以及總是以豐富的感性，提供超乎我想像的觀點的日野直美小姐。還有在上班族時代，在旁守護會議的宮澤孝夫先生。還有為本書製作出色的插圖的Radio Wada先生。

此外，更要感謝的是，各位願意閱讀本書到最後的讀者們。

在此致上本人至高無上的謝意。

2018年4月吉日

橫田伊佐男

【参考資料】

『楽天流』三木谷浩史著（講談社）
『わが上司　後藤田正晴』佐々淳行著（文藝春秋）
『問題解決ファシリテーター「ファシリテーション能力」養成講座』堀公俊著（東洋経済新報社）
『最強のコピーライティングバイブル』横田伊佐男著（ダイヤモンド社）
『一流の人はなぜ、A3ノートを使うのか？』横田伊佐男著（学研パブリッシング）
「日経ビジネス」2017年7月3日号（日経BP社）
「週刊東洋経済」2017年11月25日号（東洋経済新報社）

【参考資料】

『踊る大捜査線　THE MOVIE』（１９９８）
『さらばあぶない刑事』（２０１６）
日刊ゲンダイDIGITAL２０１７年1月5日配信
日本経済新聞電子版２０１５年10月14日配信
日本経済新聞電子版２０１６年5月25日配信
日本経済新聞２０１６年11月16日朝刊
日本経済新聞２０１７年4月2日朝刊
日本経済新聞２０１７年12月23日朝刊
総務省平成29年4月人口推計データ
『新明解四字熟語辞典』（三省堂）

橫田伊佐男 作者

CRM DIRECT 株式會社董事長

橫濱國立大學經營學研究所碩士畢（MBA）。曾任花旗銀行、倍樂生集團的行銷部門及顧問部門的管理者。根據曾提供超過上百家大型企業的諮詢顧問經驗，加以系統化，於 2008 年自立門戶。提供諮詢服務時，基於「一張紙」的員工主動出擊戰略法則，指導實務上可供運用的行銷戰略。至今參加者超過三萬人次。曾任橫濱國立大學成長戰略研究中心研究員。主要著書有《一流的人材為何要使用 A3 紙》（學研出版社），《個案記錄簿 價格共創與行銷理論》（共有執筆，同文館出版）、《最強的文案力》（DIAMOND 社）

HP http://crm-direct.com
info@crm-direct.com

TITLE

咻咻咻零浪費會議術

STAFF

出版	瑞昇文化事業股份有限公司
作者	橫田伊佐男
插畫	Radio Wada
譯者	童唯綺
總編輯	郭湘齡
文字編輯	徐承義　蔣詩綺　李冠緯
美術編輯	孫慧琪
排版	靜思個人工作室
製版	昇昇興業股份有限公司
印刷	桂林彩色印刷股份有限公司
法律顧問	經兆國際法律事務所　黃沛聲律師
戶名	瑞昇文化事業股份有限公司
劃撥帳號	19598343
地址	新北市中和區景平路464巷2弄1-4號
電話	(02)2945-3191
傳真	(02)2945-3190
網址	www.rising-books.com.tw
Mail	deepblue@rising-books.com.tw
初版日期	2019年8月
定價	300元

國家圖書館出版品預行編目資料

咻咻咻零浪費會議術 / 橫田伊佐男著；和田拉吉歐插畫；童唯綺譯. -- 初版. -- 新北市：瑞昇文化, 2019.06
272面；12.8 x 18.8 公分
ISBN 978-986-401-343-2(平裝)

1.會議管理

494.4　　108007249